T- 68
I O 52
E

T 3425
1.6.1

LA GENERATION DE L'HOMME,
OU TABLEAU DE L'AMOUR CONJUGAL,

Considéré dans l'état du Mariage.

Par M. NICOLAS VENETTE,

Docteur en Médecine, Professeur du Roi en Anatomie & Chirurgie, & Doyen des Médecins, aggrégés au Collége Royal de la Rochelle.

NOUVELLE EDITION.

Revue, corrigée, augmentée & enrichie de Figures dessinées par lui-même.

TOME PREMIER.

A HAMBOURG,
Aux dépens de la Compagnie.
M. DCC. LVIII.

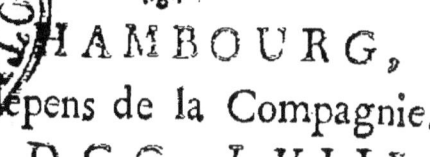

AVIS
DE L'ÉDITEUR.

NOus avons crû que *M. Nicolas Venette*, Docteur en Médecine, Professeur du Roi en Anatomie & Chirurgie, & Doyen des Médecins aggrégés au Collége Royal de la Rochelle, ne trouveroit pas mauvais que nous le nommassions ici, puisqu'on le connoît presentement par tout pour être l'Auteur de ce Livre. Il avoit caché son nom, par un rétrograde, sous celui de *Salocini, Venitien*, pour des raisons que nous ignorons jusqu'à present : mais on pouvoit connoître par plusieurs endroits de ce Livre qu'il étoit Médecin de la Rochelle. Plusieurs se sont écriés contre son Ouvrage, comme contre un piége que l'on tendoit aux jeunes gens, soit qu'ils l'eussent lû avec préoccupation, ou qu'ils en eussent entendu mal parler à des gens qui ne l'avoient pas lû. D'autres, qui sont en plus grand nombre que ceux-là, en ont dit des loüanges, & il n'y a guéres de personnes sçavantes en France, & même en Europe, qui n'ayent ce Livre dans leur cabinet, qui ne l'estiment beaucoup, puisqu'il a été imprimé plusieurs fois en François, en Allemand, en Flamand. Le premier qui en a dit du bien a été le docte M. *Baile*, Auteur de la *République*

AVIS DE L'EDITEUR.

des Lettres, qui à la *pag.* 1221. de l'impression d'Amsterdam 1686. sur la fin de l'année 1687. témoigne que l'Auteur de ce Livre lui a apris mille choses importantes, prouvées par des faits : c'est beaucoup dire, que d'aprendre mille choses à l'un des plus sçavans de l'Europe : puis au commencement de l'année 1688. il parle encore de lui en des termes qui font bien voir qu'il avoit de l'estime pour son Livre, puisqu'il n'y a guéres d'exemples dans les Journaux où il ait parlé deux fois d'un même Auteur.

D'ailleurs, M. *Daniel Tauvry*, Docteur en Médecine, dans son Livre des *Médicamens*, parle encore de lui, en des termes qui font bien connoître qu'il l'estime beaucoup.

Enfin le laborieux Abbé de *Furetiére*, un des Membres de l'Académie Françoise de Paris, dans son grand Dictionnaire sur le mot de *Pucelage*, le nomme fameux Médecin, & le compare à *Joubert*, Docteur en Médecine & Chancelier de la Faculté de Médecine de Montpellier.

Tout cela fait bien voir que cet Ouvrage a ses Aprobateurs, puisqu'on lui donne tant de loüanges, dont l'Auteur est la source. Et pour être convaincu de ce que je dis, l'on n'a qu'à lire la Préface, qui est comme l'apologie du Livre.

PRE-

PRÉFACE.

SI les Livres des Anciens, qui traitoient de l'amour, ne s'étoient point malheureusement perdus, ou par la malice des hommes ou par l'injure des tems, nous aurions sans doute par la lecture augmenté nos observations sur la génération des hommes, & par-là nous aurions fait cesser les justes plaintes de l'illustre Tiraquel.

Mais quoique nous en manquions, nous avons, ce me semble, par notre propre expérience & par celle de nos amis, assez de lumière pour faire un gros volume sur les ordres que la nature nous a prescrits pour la production des hommes, sans que nous ayons recours pour cela aux pensées des anciens.

La nature, qui n'est que Dieu même, ou pour mieux dire, sa divine Providence répanduë par l'Univers, nous fournira encore des lumiéres sur cette matiére, sans en aller chercher ailleurs. En cela nous suivrons ses préceptes, & nous obéirons à ces décrets : mais comme la vérité est un attri-

but

but qui lui est inséparable, nous ne la déguiserons point afin que la nature & la vérité jointes ensemble, soient les deux guides qui nous puissent conduire dans tout cet Ouvrage.

Nous découvrirons donc sans scrupule les secrets de la nature, & nous ferons paroître aux yeux tout ce qu'il y a de plus véritable & de plus caché dans l'histoire de la génération des hommes.

Je sçai bien que tout le monde n'a pas une force d'ame pour en considérer les admirables productions : que parmi les hommes, il y en a beaucoup de foibles & de scrupuleux, qui se scandalisent de tout ce qui n'est pas à leur goût, & qui se plaignent toujours quand on n'est pas de leur sentiment. La vérité toute nuë n'a point de charmes pour eux, elle leur fait horreur, si elle n'est déguisée. Ils veulent qu'elle soit masquée pour être belle, & comme s'ils n'étoient point hommes, aux moindres amorces de l'amour ils s'étonnent, ils s'offensent, ils crient, ils s'allarment & ils fuïent.

Les premiers hommes étoient tout auprès que nous. Ils étoient bien moins scrupuleux

PRÉFACE.

puleux & bien plus raisonnables que nous ne le sommes. Leur nudité ne leur causoit aucune émotion déréglée. La nature & la raison étoient les maîtresses de leurs mouvemens amoureux, & l'amour même, tout fier qu'il est, sembloit obéir à ses ordres, quand ils s'y oposoient tant soit peu. Ils regardoient une femme comme une statuë, quand il n'étoit pas permis de l'aimer ; & si par hazard l'Amour leur échauffoit le cœur, alors leur raison & leur force d'ame ménageoient si adroitement leurs passions, qu'ils pouvoient entiérement se garantir de ses charmes. La nudité d'un homme ou d'une femme ne faisoit pas plus d'impression sur leur ame, que les filles de Lacédémone en firent autrefois sur l'esprit des peuples, lors qu'elles dansoient toutes nuës dans un carrefour, sans être couvertes que de l'honnêteté publique. Mais cette force d'ame est aujourd'hui bannie de nos Provinces, & il semble qu'elle ne se soit conservée que parmi les sauvages, qui en cela sont bien moins sauvages que nous.

Lorsque je considére l'aveuglement de l'homme & ses contrariétés qui décou-

* 3 vrent

vrent sa misère, j'entre en chagrin de le voir en cet état. Sur cela je m'étonne de ce qu'il n'entre pas en désespoir de ne se pas connoître soi-même, & de ne sçavoir d'où il vient & comment il est fait. Je lui demande, s'il est mieux instruit que moi sur les parties qui le composent & sur la manière dont il a été engendré, & je connois par sa conversation que sur cela nous sommes fort ignorans l'un & l'autre. Nous regardons tous deux autour de nous, & nous y voyons des gens qui n'ont sur cela pas plus de lumiéres que nous en avons. Nous trouvons par hazard un homme qui nous instruit des principes de la génération, qui nous en montre les parties, qui nous en fait voir les actions, & qui nous fait connoître l'ordre que Dieu a donné aux hommes pour multiplier leur espéce dans le mariage, & les malheurs qui arrivent dans les plaisirs excessifs que l'on y prend. Cet homme avec qui je m'entretiens, comme s'il avoit dépit de se connoître soi-même & de sçavoir son origine, insulta à la personne qui l'instruit de l'admirable dessein de la nature

dans

PREFACE.

dans la génération des hommes. Pour moi, qui vois que ce sont les commandemens & les ordres de Dieu, je les admire & je m'y soûmets.

J'avoüe que l'on nous a élevés dans la répugnance à nommer les parties naturelles de l'un & de l'autre sexe, que nous avons apellées honteuses, quoique Moïse les ait nommées Saintes, puisqu'il n'étoit pas permis à une femme de les toucher sans avoir la main coupée, & nous sommes accoutumés à avoir de l'horreur pour leurs actions : comme si Dieu, selon la pensée de S. Clément d'Alexandrie, ne les avoit pas fabriquées, & si les Loix Divines & humaines ne nous permettoient pas d'en user.

Nous sçavons que l'on peut parler des choses les plus impudiques & les plus abominables, sans blesser la bienséance, quand on parle d'une manière à marquer l'état où les personnes sont, lorsqu'elles les commettent, ou montrer par sa retenuë qu'on les envisage avec peine & qu'on les communique aux autres avec des circonstances de ménagement. Les choses les plus infâmes, que sont repre-

PREFACE.

sentées sous ce voile d'horreur, sont la cause qu'on les regarde comme des crimes, & elles signifient plûtôt les choses que l'action même; parce que chaque pensée exprimée ayant deux sortes de significations; l'une propre, l'autre accessoire, elle est considérée en divers sens. Ainsi une chose peut être infâme & honnête, défenduë & permise. Ces idées accessoires ne sont pas toûjours attachées aux mots par un usage commun; il faut s'en raporter à celui qui s'en sert & lire son Livre sous cette condition. Car les mots n'étant que des sons, & les choses étant indifférentes d'elles-mêmes, ils ne sont impudiques ni les uns ni les autres : & c'est une maladie ou une foiblesse d'ame de s'en scandaliser. C'est ainsi que S. Augustin en a usé, lorsqu'il dit, que s'il y a quelque personne impudique qui lise ce qu'il a écrit des plaisirs de l'amour dans le mariage, elle accuse plûtôt sa turpitude que les paroles, dont il a été obligé de se servir, pour expliquer sa pensée sur la génération des hommes : & il ajoûte qu'il espére que le lecteur pudique

PREFACE.

que & le sage auditeur, lui pardonneront aisément la maniére de parler, dont il s'est servi pour s'expliquer sur cette matiére. C'est aussi de la même sorte qu'en a usé l'Apôtre, lorsqu'il parles des horribles crimes des hommes & des femmes, qui avoient changé l'usage naturel de leurs parties, en celui qui est contre les loix de la nature.

Celui qui sçait ce que c'est que du monde, regarde tout avec indifférence, & à l'imitation du soleil, il ne peut être taché d'aucune chose, quelque sale qu'elle puisse être. Si par hazard ce Livre tombe entre ses mains, il le lira sans scrupule, & il y admirera les ordres sacrés que Dieu a donnés à la nature pour perpétuer l'espéce des hommes.

Mais parce que c'est par l'amour que nous sommes engendrés, & que l'amour que l'Ecriture nomme charité, selon le sentiment de S. Jérôme, est la plus forte de toutes les passions, il y trouvera de quoi la ménager & la dompter, même quand il sera embarassé; si bien que je ne doute pas que ce Livre ne puisse être d'un très-grand secours à plusieurs personnes, même à

cel-

PREFACE.

celles qui ont d'une vertu distinguée.

Un jeune homme connoîtra donc de quel tempérament il est, quelle disposition il a pour la continence ou pour le mariage. Il y aprendra à quel âge il doit se marier, pour ne pas s'énerver dans le commencement de sa vie & pour vivre long-tems avec plaisir ? en quelle saison ou à quelle heure du jour on peut faire, sans s'incommoder, des enfans sains & spirituels, qui soient un jour l'honneur & la gloire de leur pere & le soutien de l'Etat. Mais parce que les jeunes gens n'envisagent que la volupté, lorsqu'ils se marient, ils y verront dépeintes les incommodités incurables que causent les plaisirs excessifs du mariage, afin qu'avant d'avoir éprouvé les malheurs qu'ils nous causent, ils puissent les éviter & s'en garantir en même-tems.

Un vieillard y trouvera jusqu'à quel âge on peut se marier ; & s'il a dessein de se procurer des héritiers par le mariage, il y verra comment il doit se comporter auprès d'une femme pour en avoir des enfans, & comment aussi dans la froideur de son âge, il doit s'exciter auprès d'elle, sans qu'il

PREFACE. xi

qu'il puisse courir aucun risque d'altérer sa santé, ni de commettre aucune faute contre les maximes de la Religion.

Un Théologien, un Casuiste, & un Confesseur y aprendront les véritables causes de la validité & de la dissolution du mariage, les vices qui s'y rencontrent, & même les péchés que l'on y commet parmi les voluptés permises. Car on y examine avec beaucoup de soin ce qui s'opose à la génération, & par conséquent tout ce qui est contraire aux décrets de Dieu, aux loix du mariage & à l'intention de l'Eglise.

Un Juge y trouvera des difficultés de Droit & de Médecine, établies & décidées si clairement, que les Jurisconsultes n'ont jamais assez bien éclaircies, & qu'après cela il sçaura lui-même distinguer les véritables causes de l'impuissance d'un homme & de la stérilité d'une femme, & ne se laissera plus abuser quand on lui presentera des enfans suposés. Cette science par soi-même n'est point suspecte; au lieu qu'un Médecin, un Chirurgien & une Matrône, à qui pour l'ordinaire on se raporte dans ces sortes

de

de matières, peuvent être gagnés, ou pa complaisance, ou par intérêt. On y marquera encore les défauts qui peuvent causer le divorce entre des personnes mariées, l'âge dans lequel on commence à engendrer, & celui dans lequel on finit, & les signes qui peuvent marquer véritablement la grossesse. On y verra si la nature a fixé aux femmes un tems pour accoucher, si les Charmes, les Magiciens, ou les Démons peuvent empêcher des personnes mariées de consommer le mariage. Enfin on y aprendra si les Hermaphrodites & les Eunuques doivent se marier, & s'ils peuvent faire des enfans.

Un Philosophe & un Médecin y trouveront, ce me semble, de quoi se satisfaire, en lisant quelques découvertes que j'ai faites sur les parties naturelles de la femme, & sur les nouvelles conjectures que j'avance sur le lieu de la conception des hommes, & sur la cause des régles & du lait des femmes, & sur quantité d'autres matières que l'on n'a point encore bien expliquées jusqu'ici.

Une femme aprendra dans ce Livre à régler ses mouvemens amoureux & à ménager

PREFACE.

nager la réputation de ses filles. Elle y verra quelle complexion est la plus propre pour le Cloître ou pour le Mariage, afin de persuader l'un ou l'autre état à ses enfans, qui ensuite ne se désespéreront point pour avoir embrassé un état auquel ils n'étoient point propres. Elle y connoîtra comment on doit rendre le devoir à son mari, & les égards que l'on doit avoir pour lui, quand on aime sa santé & que l'on n'est point esclave de sa passion.

Une fille sera instruite par avance de tous les désordres que peut causer l'amour, sans l'éprouver auparavant sur elle-même : car comme les liens du mariage sont indissolubles, il seroit à souhaiter que toutes les filles sçussent avant que d'être mariées, les peines & les chagrins que l'on y souffre.

Un Athée même qui lira attentivement ce Livre, & qui observera sans préoccupation toutes les démarches que fait la nature dans les actions & dans la formation de l'homme, y trouvera de quoi changer de sentiment. Et je suis assûré qu'il n'y a ni livre ni raisonnement qui lui fasse connoître plus clairement Dieu, que ce que j'écris de la génération des hommes.

PREFACE.

Un débauché y connoîtra quels fâcheux chagrins & quelles maladies incurables cause un amour déréglé ; & après y avoir fait de sérieuses réflexions, il y trouvera des remédes, ou pour s'opposer à la violence de l'amour, ou pour conserver sa santé, ou pour être fort retenu à l'avenir.

Il seroit à souhaiter que le lecteur, de quelque sexe qu'il fût, eût l'esprit fort & réglé, & qu'il sçût ce que c'est que l'amour & le monde, qu'après cela, il ne fût ni libertin ni impudique ; je desirois même qu'il fût d'un âge raisonnable pour être en état d'en profiter.

Nous pouvons donc regarder le portrait de l'amour, que j'ai fait d'après nature, pour éviter les défauts & les crimes que j'y ai remarqués. J'ai prétendu réformer les mœurs des libertins, & montrer aux sages les souplesses de l'amour pour s'en divertir, & de plus pour conserver leur santé & les obliger à choisir les voyes les plus assurées pour la génération, sans en abuser.

Enfin si nous admettions les plaintes que l'on nous fait, on auroit sujet d'accuser celui qui a formé les parties naturelles

PREFACE. xv

relles de l'un & de l'autre sexe, dont on abuse tous les jours si lâchement, & l'on pourroit encore blâmer celui qui nous a fait présent de la vigne, lorsque l'on s'enyvre si aisément de son jus. Car si nous pensions les bienfaits & les présens de la nature, par le mauvais usage de ceux qui en usent, en vérité nous les prendrions toûjours en mauvaise part.

Nous serions encore réduits à cette extrêmité, que de suprimer la plûpart des Livres anciens & nouveaux. Nous bannirions de nos Bibliotéques, Catule, Juvenal, Horace, *&* Virgile *même, qui nous entretiennent agréablement de l'amour. Il faudroit déchirer* Aristote, Platon *&* Plutarque, *qui ont écrit de la génération & des voluptés naturelles. Il faudroit encore abhorrer les Ouvrages de* Dante, *de* Petrarque, *de* Bocace, *de* Marsille Ficin, *de* Platine *&* d'Equicola, *qui nous expliquent les victoires & les triomphes de l'amour. Nous ne devrions point lire ce Livre, que* Jérome Mengus *Cordelier, dédia au Cardinal* Paléole; *ceux du Pere* Delrio *Jésuite, ni ceux du Pe-*

re Sprenger *Dominicain, des conjonctions abominables que font au fabat les Sorciers avec les Diables; non plus que le livre de l'Amour de* Flamminius Nobilis, *l'un des grands Théologiens de son tems, qui après avoir travaillé à l'édition de la Bible Latine, par l'ordre du Pape* Sixte V. *crût qu'il n'étoit ni deshonnête, ni indigne de lui de composer celui-là, comme le chef d'œuvre de sa vie. Il faudroit jetter au feu tous les Casuistes qui nous enseignent tant de choses sur ces matiéres: & le Pere* Sanchez *Jésuite, ne seroit point exemt de blâme, lui qui a fait un gros volume de ce qui se passe de plus secret entre des personnes mariées. On ne liroit plus* S. Augustin, S. Grégoire de Nisse, *ni* Tertulien, *qui parlent de l'amour conjugal en des termes que je n'oserois traduire en François, qu'en les paraphrasant.*

De plus, touchant la Médecine & l'Anatomie, je trouverai par tout le Livre des erreurs populaires de Joubert, *qui traite des actions des parties des deux sexes, & qui osa bien le dedier à* Marguerite de Navarre, *grand-mere d'Hen-*

PREFACE. xvii

*d'*Henri le Grand, *de glorieuse mémoire ; ceux d'*Ambroise Paré *& de* du Laurens, *qui traite de la génération des hommes, & celui de M.* Mauriceau, *qui parle de l'accouchement des femmes, avec des figures qui semblent deshonnêtes & impudiques : que l'on debitera ouvertement un Livre, qui traite des passions de l'ame, où l'on nous insinuë adroitement dans le cœur les mouvemens les plus tendres de l'amour. Que les Livres de* Bodin *Avocat, & de* Delancre, *Conseiller au Parlement de Bordeaux, nous ferons voir les impudicités & les abominations que commettent les Sorciers au sabat : que le Roman de la Rose & du Bourdon, dont* Jean de Meun *fut l'Auteur, se trouvera encore chez nos Libraires : que les piéces en vers, les satires & les comédies de nos Poëtes se vendront publiquement : & qu'enfin le plus saint de tous les Livres se trouvera entre les mains de presque toutes les femmes ; je ne crois pas que l'on puisse trouver mauvais que j'aye agité dans ma langue toutes les questions qui composent ce Livre.*

Je sçai qu'il y a quelques personnes si

PREFACE.

susceptibles d'amour, qu'ils ne peuvent voir aucun objet amoureux, ni lire aucun Livre qui en traite, sans être émuës jusqu'au crime par cette passion. Je conseille à ces personnes-là de fuïr la conversation des hommes, ou d'habiter les déserts & la solitude, pour ne rien voir qui les choque, ou pour ne rien entendre que l'on puisse dire de la génération des hommes.

Que si par nos efforts ou par notre adresse, nous pouvions nous priver des mouvemens de l'amour, ou en exempter les autres, j'avouë que j'aurois tort d'exposer ce Livre aux yeux de tout le monde. Mais parce que l'amour est une passion à laquelle nous nous laissons tous vivement toucher, sans pouvoir souvent nous en défendre, il me semble que l'on doit plûtôt louer que blâmer un Livre qui enseigne à la modérer & à se conserver la santé, en se garantissant des souplesses dont il se sert toujours pour nous maltraiter : car c'est une partie de la prudence humaine que les Peres de l'Eglise ont apellée *Prudentia Carnis*, que de se conserver la santé dans la modération des plaisirs du mariage.

Ce

PREFACE.

Ce ne sont pas toujours les Livres qui nous aprennent ce que nous ne devons pas sçavoir; la mauvaise complexion, les exemples & les conversations deshonnêtes font plus souvent plus de mal.

On ne peut pas dire véritablement que j'aprens dans ce Livre les excès de l'amour, ni que j'enseigne les souplesses de cette passion pour en abuser. Si je les expose aux yeux de tout le monde, je ne le fais que pour décrier les voluptés illicites, pour les fuir & pour les abhorrer en même-tems, comme des causes de la perte de notre santé & de la perpétuité de notre espéce. Car ce n'est pas pour réduire en méthode les ouvrages de la génération, ni les actions des parties génitales des deux sexes, que j'ai fait ce Livre. On sçait qu'il y a déja long-tems que cette affaire a été réduite à la perfection par les seules forces de la nature. La science ne fait rien à cela; les plus ignorans & les plus lourds y sont les maîtres: mais nous y avons voulu marquer la modération que l'on doit avoir dans les plaisirs de l'amour, afin que pour les répéter une autrefois, on en fasse un bon usage.

Je

PREFACE.

Je ne doute pas pourtant que si l'on ne juge de ce Livre que par le titre de ses Chapitres, il ne paroisse indifférent & impudique à quelques personnes qui ont été mal élevées, qui ont de mauvaises inclinations & l'esprit mal tourné. Mais si on l'ouvre, qu'on le lise & qu'on juge sans préoccupation du dessein que j'ai eu en le composant, on y adorera sans doute la Sagesse Divine, qui nous a embrasé le cœur par le moyen de l'amour, pour perpétuer notre espèce.

Mais tout le monde n'est pas capable de bien juger de mon Livre. Il est comme un Tableau, que toutes sortes de personnes ne sont pas capables de connoître. Pour en bien juger, il faut avoir la science de la peinture, & puis se mettre dans le véritable point de vûë; car il n'y en a qu'un seul, qui est indivisible, & qui est le véritable lieu d'où on le puisse voir. Ceux qui veulent en juger, souvent ne s'y mettent pas. Ils se placent trop près, trop loin, trop haut, trop bas, & ainsi ils en jugent mal. De plus, les ignorans ne sont point capables d'en juger, & ceux

encc-

PREFACE.

encore qui ne l'ont vû que par oüi dire ou par préoccupation. Il y a donc de trois sortes de personnes qui se sont établies pour son juge. Les premiers, qui sont dans une pure ignorance, disent, après les autres, qu'il ne vaut rien, qu'à être brûlé par les mains du bourreau. Les seconds, qui sont sçavans, en jugent bien, ou n'en disent mot, & y admirent les ordres de la nature & les préceptes de Dieu pour la génération des hommes. Enfin les troisiémes, qui sont des demi-sçavans & en plus grand nombre que les deux autres, publient que mon Livre est pernicieux : ils font les entendus, ils troublent tout le monde, & jugent plus mal que les autres. Ils sont ictériques, & disent que c'est moi qui suis barbouillé de jaune. En vérité tout le monde n'a pas le don de bien juger. Pour cela il faut avoir l'esprit droit, bon goût & bon sens, & peu de personnes l'ont ainsi : témoin ce que nous fait remarquer Quintilien, qu'il y avoit de son tems des hommes qui estimoient plus Lucrece que Virgile, bien que le premier, si on le compare à l'autre,

tre, ne mérite pas le nom de Poëte. Enfin je ne voudrois pour défendre mon Livre, que l'Apologie qu'a fait le Pere Théophile Renaud, en faveur de son Compatriote le Pere Sanchez Jésuite, qui a écrit du mariage, comme j'ai fait, & alors il seroit bien défendu.

Quel Prédicateur de l'Eglise a prêché avec plus de zèle & de force que moi la modération des plaisirs & la fuite des voluptés dans le mariage ? Qui est-ce qui s'est oposé plus que moi à l'excès de l'amour & qui a enseigné de plus sûrs moyens pour se garantir de ses apas ? l'on n'a qu'à lire l'art. 2. du chap. 3. de la première partie, le chap. 1. 2. & 6. l'art. 1. & 2. chap. 8. les chap. 10 & 11. de la seconde, le chap. 1. de la troisiéme partie de ce Livre, & plusieurs autres endroits, pour sçavoir si je porte les hommes au vice plûtôt qu'à la vertu.

Que l'on juge mal, quand l'on ne juge des choses que par l'écorce & par l'aparence ! Si nous considérons que Loth caresse amoureusement ses filles, que Samson fait des merveilles, que S. Jérôme apelle des fables à la lettre, que David commet

un

PRÉFACE.

un adultére, que Thamar se prostitué, qu'Osée se marie impudiquement par le conseil de Dieu, que Holla & sa sœur courent après des impudiques, ne croirons-nous pas que ce sont des choses deshonnêtes, abominables & indignes d'être placées dans l'Ecriture-Sainte ?

D'ailleurs, je les prie encore qu'ils ne jugent pas de mon Livre sans l'avoir lû, comme l'on fit autrefois des Livres de S. Thomas & de Roger Bacon, Chancelier d'Angleterre, que l'on estima Magicien, sur le seul titre de leurs Livres : & enfin, qu'ils ne se laissent aller lourdement ni aux persuasions de mes ennemis, ni à la malignité des ignorans ; car il y a beaucoup plus d'idiots au monde qui s'arrêtent à des peintures grotesques, que de sages qui s'apliquent à contempler la beauté de la nature. Après tout, s'ils le trouvent mauvais, je consens qu'ils le blâment, & même qu'ils le fassent brûler, comme fit autrefois Néron, les Satires de Fabricius Vejento ; & le Sénat Romain, les Livres de Crémunus Cordus.

Mais pourquoi m'étonner de ce que l'on critique si malicieusement mon Livre ?

… vre ? Les ouvrages les plus parfaits n'ont-ils pas été critiqués ? & ç'a été contre ces mêmes ouvrages que l'envie & la haine ont été les plus acharnées. N'a-t'on pas dit qu'Homére dormoit souvent, & qu'il étoit plein de fautes ? Que Demosthène ne satisfaisoit guères ceux qui le lisoient ? Que Cicéron étoit un Compilateur des Grecs, dont on a même marqué tous les passages : qu'il étoit timide, lâche, plat, trop copieux & trop lent aux exordes & aux digressions, trop ennuyeux dans la cadence de ses périodes ; & enfin trop tardif à s'émouvoir ? Que Sénèque le pere, n'avoit point de liaison, & que son discours n'étoit que comme du sable sans chaux ? Que Pline l'Historien avaloit tout sans jugement, & qu'il ne digéroit rien ? Que Virgile avoit peu d'esprit & étoit un usurpateur des pensées d'autrui ? Qu'Ovide étoit trop désabondant ? Qu'Horace étoit trop deshonnête, & qu'il avoit écrit des vers en prose ? Que S. Ambroise étoit la Corneille de la Fable, & que ses Commentaires sur S. Luc étoient des chansons & des bagatelles ? Enfin l'envie ne se conten-
te

PRÉFACE.

té pas seulement d'attaquer la réputation de ceux contre qui elle s'en prend, mais même encore aux personnes qu'elle hait.

Quoiqu'il en soit, j'ai bien voulu me résoudre en faisant ce Livre, à avoir autant de juges que de lecteurs. Cela ne me paroît ni onéreux ni injuste.

Enfin je n'ai pû faire autrement, quelque ménagement que j'aye pû aporter, dans mon discours. Je serai fort satisfait, si un petit nombre de personnes doctes & bien entenduës estiment mon Livre : je les préférerai toûjours à une multitude grossière, qui souvent est un très-mauvais interprête de la vérité. C'est sans doute ce que vouloit dire le Sage, quand il nous a laissé par écrit, que l'opinion du peuple étoit souvent l'opinion des fols ; & ce que nous a voulu insinuer Horace, qui commence une de ses plus belles Odes par ces paroles :
Odi profanum vulgus, & arceo.

Si tu veux, cher Lecteur, avoir encore l'audace
De critiquer tous mes Ecrits ;
Fais-moi paroître en quelle place
Tu dis mieux que ce que je dis.

Verbis offendi morbi aut imbecillitatis argumentum est. Cic.

Cui hic Ludus noster non placebit, ne legerit; aut si legerit, obliviscatur: Et velit, nolit, aliter hæc sacra non constant.

Quisquis ad has litteras impudicus accedit, culpam refugiat, non Naturam, facta denotet suæ turpitudinis, non verba nostræ necessitatis, in quibus mihi facillimè pudicus & religiosus Lector & Auditor ignoscet. August. de Civit. Dei, l. 14. c. 23.

TABLEAU

TABLEAU DE L'AMOUR CONJUGAL.

Regarde qui voudra d'un air sombre & pédans
Ce langage innocent ;
On n'est point criminel pour faire une peinture
Des tendres sentimens qu'inspire la nature.
Chacun sent en son cœur ces mêmes mouvemens.
Et tel qui les étouffe a perdu le bons sens. Petrone.

PREMIERE PARTIE.

CHAPITRE PREMIER.

Des Parties de l'homme & de la femme, qui servent à la génération.

Ui auroit cru que Dieu auroit fait en créant le Monde, comme font aujourd'hui nos plus fameux ouvriers, qui n'affectent jamais d'abord de faire voir ce
que

que leur art a de plus excellent ; mais qui attendent toujours sur la fin à donner des marques de leur chef-d'œuvre ? C'est pourtant ainsi que Dieu voulut commencer son ouvrage par les créatures les moins parfaites, & qu'il ne se reposa qu'après avoir montré les plus beaux traits de sa puissance, en formant l'homme à sa ressemblance & à son image.

La matière qu'il prit pour nous former, fut une terre, qu'on peut apeller vierge, puisqu'elle n'avoit encore servi à aucune production. Ce fut ce limon, que Dieu lui-même prit la peine de pétrir pour faire toutes les parties qui nous composent. La femme, qui devoit avoir des qualités toutes différentes des nôtres, ne fut pas formée de cette matière ; & il étoit bien juste qu'elle fut faite d'une matière plus noble & plus relevée, puisqu'elle devoit contribuer beaucoup plus que l'homme au grand ouvrage de la génération.

En effet, il semble qu'en général, tant dans l'homme que dans la femme, me, Dieu ait formé avec une étude particuliére, s'il est permis de parler ainsi, les parties qui devoient servir à la propagation de l'espéce. A voir leur assemblage, leur proportion, leur figure & leur action : à considérer les esprits qui y sont portés, le chatoüillement & les plaisirs que l'on y ressent, l'ame même qui y réside; puisque c'est par-la qu'elle sort pour le communiquer, il n'y a point d'homme qui ne les admire & qui n'y doive faire de particuliéres réflexions.

ARTICLE I.

Des parties naturelles & externes de l'homme.

NOus apellons le membre viril, (*a*) la principale des parties naturelles de l'homme, que les Anciens ont mise au nombre des Dieux, sous le nom de *Fascinus*, pour nous aprendre l'empire qu'elle s'étoit aquis dans le monde. Car il n'y a ni charmes ni enchantemens qui la puiſſent égaler, ſi par hazard une femme l'aperçoit par le défaut de quelques replis, ſon cœur ſe ſent au même inſtant échauffé par une paſſion, de laquelle elle ne peut ſe défendre qu'avec peine.

En effet, dans ces derniers ſiécles, auſſi-bien que dans les premiers, on a eu beaucoup de vénération pour cette partie-là ; parce qu'elle eſt le pere du genre-humain & l'origine des parties qui nous compoſent. Villandié, ainſi que remarque l'Hiſtoire de France, commit un crime de Leze-Majeſté pour avoir touché de la main les parties naturelles de CHARLES IX. La Loi de l'Ancien Teſtament commande de couper la main à une femme qui auroit manié ces mêmes parties, ou per mépris ou par injure ; & cette même Loi, auſſi-bien que la nouvelle, ne permet pas qu'un homme qui a quelque défaut dans les parties de la génération, ſoit admis dans l'Egliſe de Dieu. Et les Caffres ſe trouvent glorieux quand ils ont coupé en guerre à leurs ennemis pluſieurs membres virils,

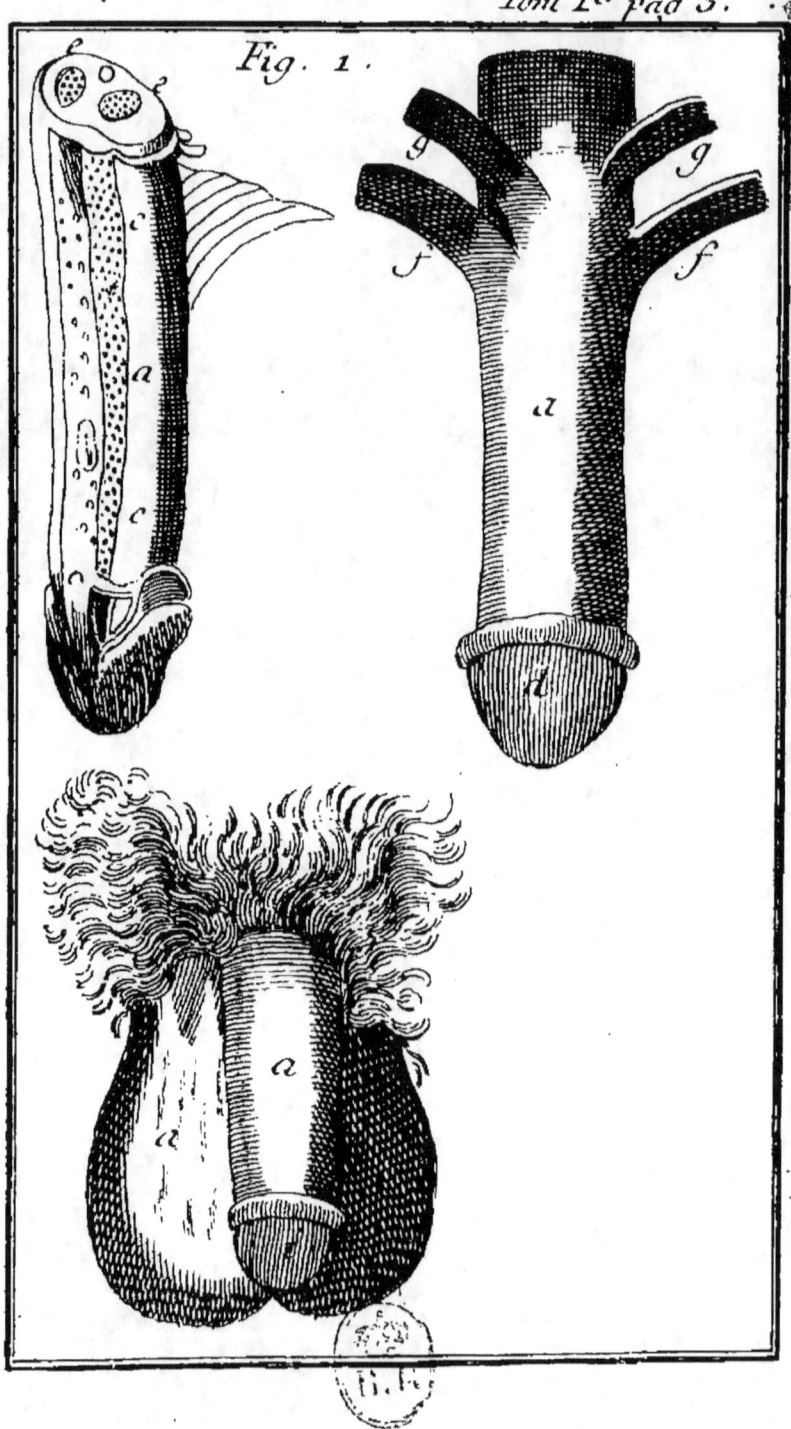

Tom. I.er pag. 5.

Fig. 1.

considéré dans l'état du Mariage.

fils, dont ils font presént à leurs femmes ou à leurs amis, qui par honneur s'en font des colliers qu'elles se mettent au col. Le membre viril a un notable commerce avec toutes les autres parties du corps : si on le touche quelquefois un peu rudement, le cœur s'en ressent aussi-tôt par des foiblesses surprenantes, la tête en pâtit par des pesanteurs insuportables, & les yeux en souffrent pas des vertiges & des éblouïssemens funestes.

A considérer en gros cette partie, on diroit qu'elle est toute d'une piéce, mais si on l'examine par parties, on connoîtra aisément qu'elle est couverte d'une petite peau fort déliée, & d'une autre plus épaisse, qui est garnie de veines & d'artéres, attachés fortement au gland par un lien robuste & membraneux, (b) qu'elle a une membrane toute de chair, qui l'envelope & presse comme un étui toutes les parties qui la composent. Sa substance n'est ni solide ni osseuse ; si elle avoit été comme celle des chiens ou des loups, il y auroit eu beaucoup de désordres dans les

diffé=

différentes rencontres des hommes avec les femmes, & il n'eût pas fallu tant de témoins pour justifier un larcin amoureux qu'il en faut aujourd'hui, si en se caressant on eût été arrêté par cette partie-là.

Le conduit commun de l'urine & de la semence (c) est placé au milieu de cette partie. Le gland couvert de son prépuce, qui est à l'une de ces extrémités a la chair si délicate (d) & si sensible, que c'est-là que la nature a établi le trône de la volupté dans les embrassemens des femmes.

Deux tuyaux, que l'on nomme nerveux (e) ou cavernaux, accompagnent le conduit commun de l'urine & de la semence; ils sont remplis d'une matiére déliée & spongieuse, qui ressemble à du sang caillé & noirci. C'est dans leurs petites cavités que les artéres & les nerfs portent des esprits, qui s'y multipliant, font ensuite enfler ces deux parties, qui roidissent & qui endurcissent tout le corps de la verge, souvent contre notre volonté. C'est sans doute pour cela qu'*Aristote* a dit,
que

que le cœur & la verge étoient dans d'homme deux sortes d'animaux, qui se remuoient d'eux-mêmes. Tout ceci ne se fait pas sans mistére. La nature a ses desseins dans tout ce qu'elle entreprend ; & cette dureté que nous souffrons souvent malgré nous, n'arrive pas seulement pour se lier étroitement à une femme ; mais pour darder avec violence dans ses parties les plus profondes la matiére dont on fait les hommes.

La verge ne sçauroit s'élever sans muscles (*f*) ni se maintenir roide sans un continuel abord d'esprits. Il seroit même impossible que la semence fut dardée comme elle l'est, (*g*) si d'autres petits muscles (*h*) ne pressoient son conduit pour l'en faire sortir avec précipitation.

ARTI-

ARTICLE II.

Des Parties naturelles & internes de l'homme.

Les testicules sont renfermés dans une bourse (1) comme quelque chose de fort précieux ; aussi est-ce de là que la nature puise incessamment la matiére dont elle fait tous les jours des miracles dans la production des hommes. Ces parties sont les témoins de la virilité & de la force ; & il n'étoit pas permis autrefois dans le Barreau de Rome de porter témoignage contre quelqu'un, si l'on en étoit privé.

Chaque homme a ordinairement deux testicules ; si l'un est incommodé, flétri, ou blessé, l'autre peut servir à la génération ; & il s'en trouve qui n'en ont naturellement qu'un, comme autrefois les Sylles & les Cotes ; mais la nature renferme dans cette seule partie toute la vertu qui devoit être dans les deux.

Ceux

Ceux qui en ont trois ou quatre, sont bien plus communs que ceux qui n'en ont qu'un : & nos Histoires de Médecine remarquent qu'il n'y a guéres de Royaumes qui en fournissent des familles où il n'y ait des hommes à trois testicules ; mais ceux-ci n'ont pas l'avantage des premiers ; puisqu'au lieu d'être fertiles par la multitude de leurs parties, ils en deviennent impuissans, la vertu prolifique étant divisée en trop de parties pour avoir de la force. *Agathocles* Roi de Sicile, & Mr. *Pint...* fille cette Ville, connurent bien que le plus grand nombre de testicules n'étoit pas le meilleur pour la génération, quoiqu'il le fut pour l'ardeur & pour se plaisir ; & qu'il valoit beaucoup mieux n'en avoir qu'un ou deux, que d'en avoir davantage.

Si l'homme, dit un Philosophe ancien, avoit les testicules cachés dans le ventre, il n'y auroit point entre les animaux d'animal plus lascif que lui. Afin donc d'éviter les désordres de sa lasciveté, la nature, ajoûte-t-il, a placé au-dehors les parties de la génération,

tion, pour recevoir inceſſamment les impreſſions des injures de l'air. Cependant, pourrois-je repliquer, cela n'empêche pas que l'homme ne ſoit le plus laſcif de tous les animaux, puiſqu'en tout tems & à toute heure il eſt diſpoſé aux délices de l'amour, & que la plûpart des animaux attendent la belle ſaiſon pour s'accoupler.

Mais la nature a eu une toute autre raiſon de mettre ces parties au-dehors. La ſemence en eſt beaucoup mieux préparée, lorſqu'elle a plus d'étenduë & de tems à ſe perfectionner. Et c'eſt ſans doute cette même raiſon qui fait que la ſemence des femmes n'eſt pas ſi rectifiée que la nôtre, parce que les vaiſſeaux qui en préparent la matiére, ſont incomparablement plus courts, & moins entrelaſſés que ceux des hommes.

Preſque tous les enfans ont les teſticules cachés dans le ventre, ou dans les aînes; & il s'en trouve peu à qui les teſticules paroiſſent avant l'âge de huit ou dix ans; c'eſt alors que la chaleur commençant à être vigou-
reu-

considéré dans l'état du Mariage. 11
reufe, difpofe toutes les parties de la génération pour l'admirable ouvrage de la nature, & qu'elle pouffe au-dehors les parties qui étoient demeurées cachées jufqu'en ce tems-là. De tous ces enfans, il y en a quelques-uns à qui les tefticules ne defcendent que fort tard, ou quelquefois jamais, & alors l'on prendroit ces hommes pour des Eunuques, s'ils n'avoient d'autres marques pour nous perfuader qu'ils font des hommes parfaits. Jamais la femme du Seigneur d'*Argenton* n'auroit douté de la puiffance de fon mari, fi elle lui avoit trouvé des tefticules dans la bourfe, & l'on n'auroit fçû juftifier fa fécondité par toutes les autres marques qu'il en avoit, fi après fa mort *Ambroife Paré* n'eut trouvé fes tefticules dans le ventre. Et jamais le Lapidaire, dont parle *Kerckingius*, *Obf.* 13. n'eut fi fortement chanté, s'il n'eut eu fes tefticules cachés dans le ventre, qui lui fortirent à dix-huit ans, après une fiévre chaude.

Quoiqu'en veüille dire *Hipocrate*, il n'y a pas d'aparence de croire ce qu'il qu'il nous veut persuader, que le testicule droit soit plus chaud que le gauche, & que ce soit lui aussi qui engendre les mâles, au lieu que le gauche ne produit que les femelles. L'expérience & la raison m'obligent de m'éloigner du sentiment de ce Médecin. Car nous sçavons que la semence de l'un & de l'autre testicule, se mêlant ensemble lorsqu'elle sort, on ne sçauroit attribuer l'effet que nous en voyons plûtôt à l'un qu'à l'autre, & que la génération des mâles ne doit point plutôt s'imputer à l'une de ces deux petites parties, qu'à la complexion de tout le corps de l'homme ou de la femme, ainsi que nous l'examinerons ailleurs.

Au reste, dans la dissection que j'ai faite plusieurs fois des testicules des hommes, j'ai souvent remarqué que le gauche avoit des veines & des artéres plus grosses que l'autre, & que par conséquent il étoit plus échauffé par le sang & plus vivifié par les esprits, & que d'ailleurs il étoit ordinairement plus gros, plus ferme &

plus

plus plein de femence que l'autre, d'où l'on pourroit conclure contre le fentiment d'*Hypocrate*, qu'il contribueroit plûtôt que le droit à la génération des mâles.

Mais à dire vrai, pour le répéter encore, ni l'un ni l'autre ne produit pas plûtôt un mâle qu'une femelle; témoin l'hiftoire que nous fait *Gaffendi* d'un homme qui s'étant fait couper un tefticule, ne laiffa pas pourtant de faire des enfans de l'un & de l'autre fexe.

Les tefticules font fort ordinairement couverts de plufieurs membranes, très-dures à la pointe de la lancette, (*a*) de peur que les efprits qui font deftinés pour la vie des hommes à venir, ne fe diffipent par leurs pores. Leur fubftance eft un entrelacis de vaiffeaux fpermatiques, (*b*) qu'on pourroit dire être la fin des préparans & le commencement des éjaculatoires. Elle eft faite d'un nombre infini de petits filets, (*b*) qui font comme les réfervoirs d'une matiére feminale, qui vient d'un fang

B 2   arté-

artériel filtré par mille petits conduits, & d'un suc nerveux qui s'y est aussi glissé par mille petits détours. Une matière glanduleuse occupe l'entre-deux de ces vaisseaux, & leur communique la vertu d'engendrer de la semence. Les artéres (c) & les nerfs (f) portent incessamment aux testicules ce qu'il y a de plus épuré dans le corps de l'homme. Des muscles pressent & préservent ces deux petites parties & les suspendent, de peur que les vaisseaux qui préparent & contiennent la semence, ne se rompent par la pesanteur des testicules & par les agitations violentes de l'amour.

Il leur arriveroit sans doute dans les mouvemens de cette passion des accidens funestes, si ces mêmes muscles en les tirant en haut ne les en garantissoient, & souvent la semence manqueroit d'esprits dans cette occasion, s'ils ne les aprochoient de la raine de la verge.

Quelques Philosophes, & après eux quelques Médecins, ne demeurent pas d'accord que la semence se forme dans

dans les testicules ; parce, disent-ils, qu'il n'y a point de cavités sensibles, ni de passage pour y porter la matière ; que ces parties étant froides, il ne peut s'y faire aucune coction d'une matière spiritueuse ; qu'on a beau faire la dissection des testicules, on n'y trouve jamais de semence ; qu'il y a des animaux qui n'ont pas de testicules & qui cependant ne laissent pas d'engendrer. Enfin, que nous avons des Histoires qui nous assurent que des hommes qui en avoient été privés, ont fait néanmoins des enfans.

Toutes ces raisons paroissent bien fortes à ceux qui n'examinent les choses que par les Livres des Auteurs ; mais si nous recherchons diligemment la vérité de tout cela, par la dissection de ces parties & par d'autres meilleures raisons, nous serons bien-tôt d'un autre sentiment.

Car on sçait que les artères spermatiques (d) vont tout droit aux testicules ; qu'en se partageant en deux rameaux, elles portent à l'épidime (e) & au corps du testicule la matière de la semence. On sçait encore que les nerfs qui viennent de la sixiéme paire (*f*) & ceux qui sortent du cordon des nerfs qui viennent du bas de l'épine du dos, (*ff*) communiquent aux testicules une matiére spiritueuse propre à la génération. D'ailleurs, que les testicules n'étant qu'un entrelacis de vaisseaux, (*b*) ils ont à cause de cela des cavités, quoiqu'elles ne soient pas sensibles: que la semence n'étant qu'un excrément, la nature ne souffre pas long-tems dans les testicules, à moins qu'ils ne soient malades, ce que l'histoire de Dodone nous confirme, qui ayant trouvé dans le corps d'un Espagnol un testicule d'une grosseur prodigieuse, & l'ayant ensuite coupé, en fit rejaillir la semence aux yeux de ceux qui étoient presens: que les poissons ont des parties qui ont du raport aux testicules des autres animaux; & qu'enfin les histoires que l'on trouve par écrit des hommes & des animaux qui ont engendré sans testicules, sont ou fabuleuses, ou que du moins elles doivent être entenduës, dües, ainsi que nous l'expliquerons au Chapitre des Eunuques.

Mais la principale raison que l'on objecte est prise du tempérament des testicules. Cependant on sçait que le cerveau est d'un tempérament froid, & d'une substance assez solide, pour être de sa nature une glande : que l'on ne voit aucunes cavités dans le lieu où les nerfs prennent leur origine : & que jamais, dans les dissections que l'on en a faites, l'on n'a remarqué ce que devenoit le sang qui se filtroit au travers de sa substance, & qu'elle étoit la matiére prochaine des esprits qui nous font mouvoir & sentir : & si j'ai souvent observé en pressant la substance du cerveau d'un homme mort, un peu de cérosité rougissante dans les endroits les plus solides, ce n'étoit néanmoins que du sang qui commençoit à se changer en suc nerveux. Ainsi, bien que le cerveau soit d'un tempérament froid, comme je viens de le dire, & qu'il n'ait été fait que pour tempérer l'ardeur du cœur, selon la pensée d'*Aristote*, il ne laisse pourtant pas d'engendrer des esprits beaucoup plus subtils & plus épurés que ceux du cœur ; car le sang des artéres tout ouvert & tout plein d'esprits, montant en haut avec précipitation par le mouvement que lui donne le cœur, entre dans la substance du cerveau pour en recevoir toutes les impressions spiritueuses.

Les Chimistes en font à peu près de même, lorsqu'ils veulent faire de l'eau-de-vie : car les esprits de vin qu'ils mettent dans l'alambic, s'élevant peu à peu au chapiteau, & se distribuant ensuite par un long conduit dans un vaisseau qui les reçoit, auroient des qualités âpres & peu agréables au goût, s'ils n'étoient adoucis dans la serpentine par la froideur d'un tonneau d'eau, comme si le froid condensant & rassemblant les esprits du vin, les rendoit ensuite plus rectifiés & plus doux.

Il en arrive autant dans le cerveau ; car le sang qui sort tout bouillant du cœur, & qui rejaillit en haut, entre dans la substance du cerveau, qui par

Tom. I. pag. 18.

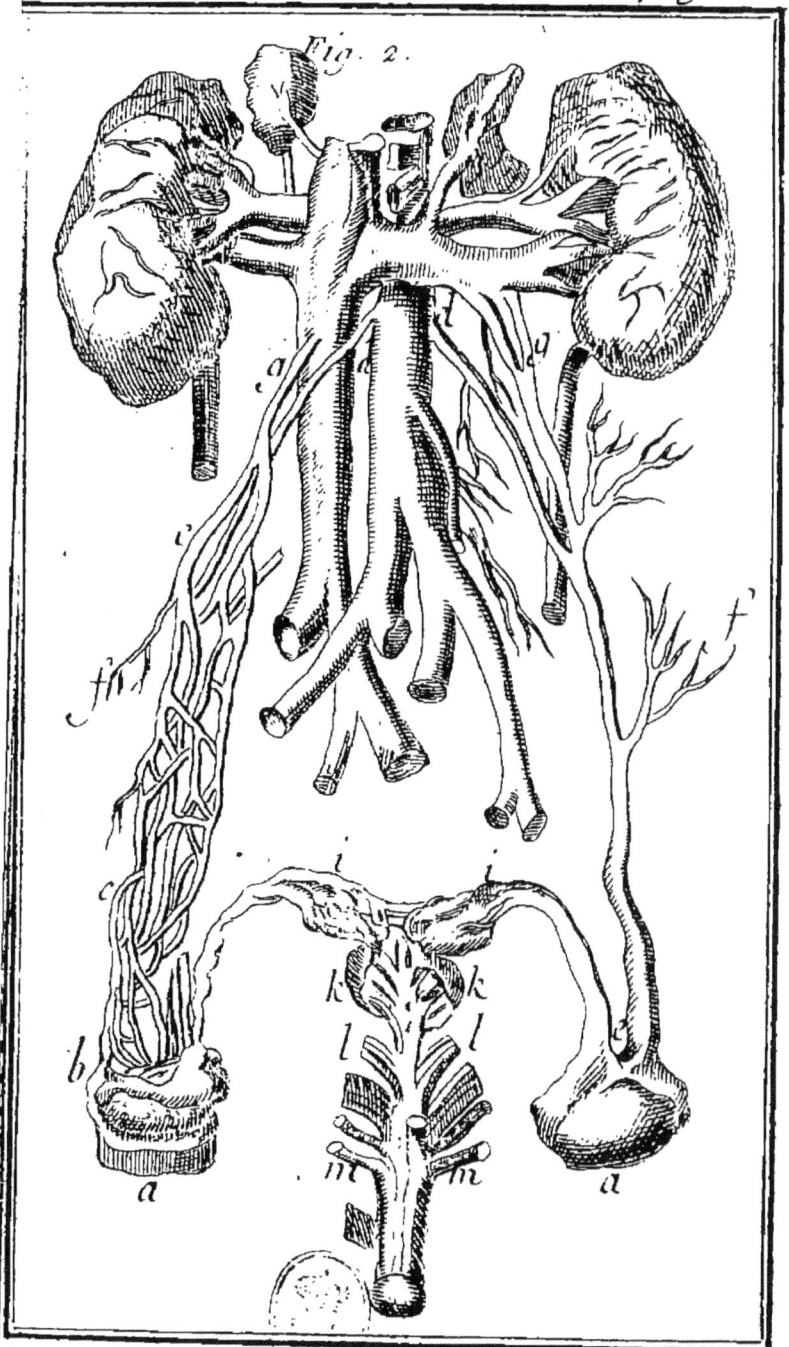

Fig. 2.

sa froideur en condense les esprits, & qui le rend la liqueur la plus subtile & la plus épurée de toutes celles que nous ayons dans le corps.

Cela étant ainsi établi, il me semble qu'il n'est pas maintenant difficile de rendre raison pourquoi les testicules sont les ouvriers de la semence de l'homme. Car personne n'ignore qu'ils ne soient des parties froides, puisqu'ils sont des entrelacis de vaisseaux (*b*) pressés par de petites glandes : & si l'on est persuadé que le sang se subtilise en passant par le cerveau, & devient esprit animal, on doit aussi croire que ce même sang se rectifie en pénétrant les testicules, & qu'il devient esprit séminal, pour parler de la sorte.

Deux sortes de vaisseaux sont attachés aux deux extrèmités du testicule ; les uns, qui sont un entrelacis d'artéres, (*a*) de veines, (*g*) de nerfs (*fff*) & de vaisseaux limphatiques, (*h*) y portent la matiére pour faire la semence, & les autres en raportent la semence toute faite (*i*) & s'en

déchar-

déchargent dans le corps variqueux ou piramidal, (*i*) qu'on nomme paraſtate; & puis, ſelon le ſentiment de tous les Anatomiſtes, ils s'en déchargent dans de petits réſervoirs qui ſont a la racine de la verge. (*k*)

On pourroit comparer ces réſervoirs aux petites cavités d'une grenade dont on a ôté les grains. C'eſt-là que la ſemence ſe forme & ſe conſerve pour pluſieurs embraſſemens & pour différentes générations. J'ai eu ſouvent la curioſité de preſſer avec les deux doigts ces petites veſſies glanduleuſes, & des glandes (*l*) que l'on nomme protaſtes, qui ſe trouvent auprès pour en faire ſortir la ſemence : & en même-tems j'apercevois, malgré la froideur du cadavre, une liqueur blanche & épaiſſe ſortir des protaſtes (*l*) & une claire & pâle ſuinter des veſſicules (*k*) & enſuite ſe filtrer l'une & l'autre au travers d'une membrane près d'une petite verruë, que les Anatomiſtes ont nommée *Veru montanum*, & puis s'épancher dans le conduit de la ſemence & de l'urine. (*m*)

C'eſt

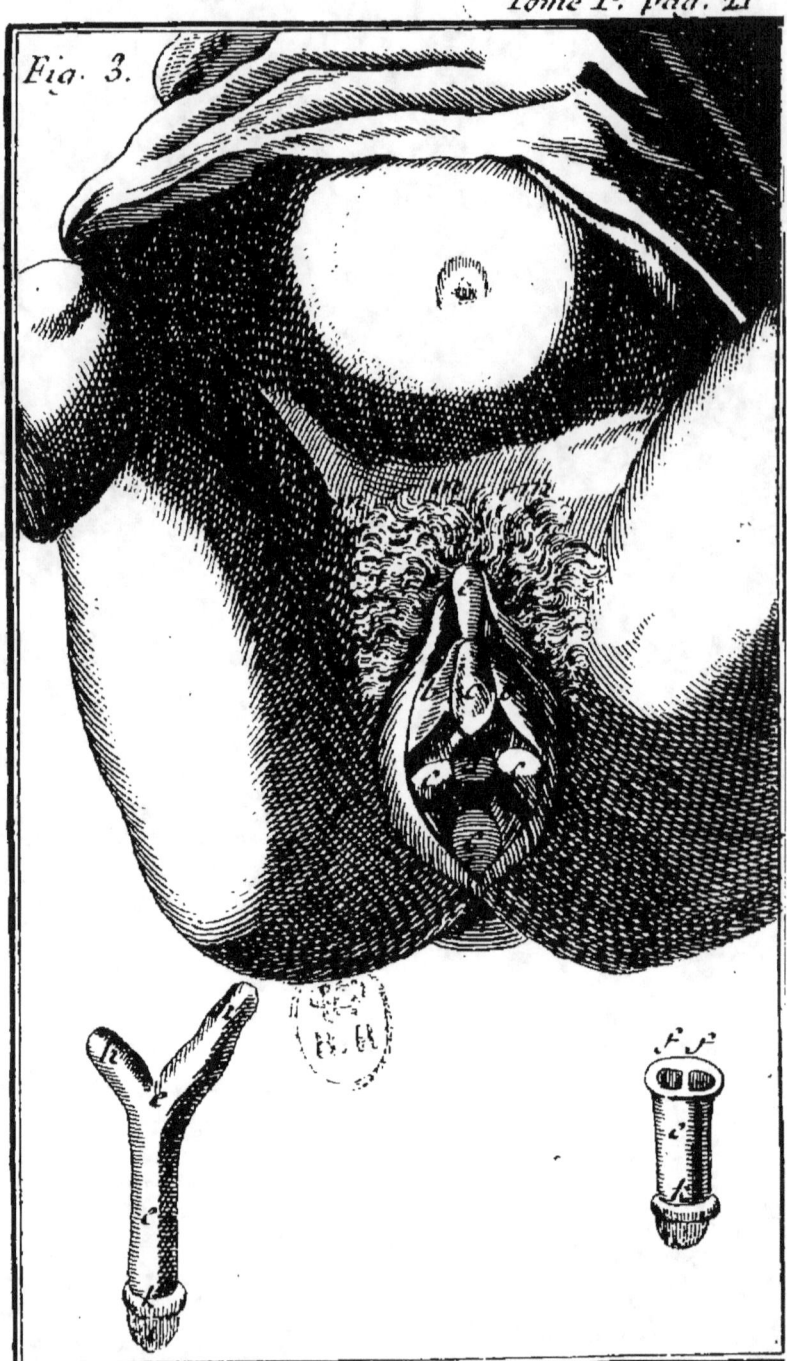

C'est plûtôt la callosité & la dureté de ces cellules & de cette chair glanduleuse, que l'on apelle prostate, qui rend les Scytes stériles, qu'une legére perte de sang, qui coule d'une veine coupée à la temple. Car comme les Tartares sont incessamment à cheval, ils pressent tellement ces petits réservoirs, par la pesanteur & par l'agitation continuelle de leurs corps, qu'ils les endurcissent, & les rendent ensuite incapables de recevoir la semence qui vient des testicules.

ARTICLE III.

Les parties naturelles & externes de la femme.

Près avoir diligemment examiné les parties de l'homme qui servent à la génération, il me semble qu'il est à propos de considérer celles de la femme, & d'admirer en même-tems l'artifice dont la nature
s'est

s'est servie à les former, & le merveilleux arrangement avec lequel elle les a disposées.

Si les parties naturelles des femmes étoient toutes semblables à celles des hommes, & qu'il n'y eût feulement de différence que dans le renversement de ces mêmes parties on auroit raison de dire que la femme est un homme imparfait, & que la froideur de son sexe est cause que ses parties sont demeurées au-dedans au lieu de sortir au-dehors comme celles des hommes.

Gallien, & *Faloppe* après lui, quelques sçavans Anatomistes qu'ils soient auroient de la peine à soutenir cette opinion. Car si l'on observe la différente structure des parties des deux sexes; si l'on en examine le nombre & la figure; si l'on en considére les cavités & la figure; enfin, si l'on en compare l'action & l'usage, on verra bien-tôt qu'elles sont tout-à-fait différentes les unes des autres. Car quelle proportion y a-t'il entre la matrice & le gland, ou si l'on veut la bourse de l'homme ? Entre le membre viril & le clitoris ? Les vaisseaux qui contiennent la semence des femmes, ne ressemblent pas à ceux des hommes, & leurs testicules sont faits d'une toute autre façon.

Mais sans m'arrêter à ces sortes de questions qui ne servent presque de rien à mon sujet, examinons en peu de mots les parties naturelles de la femme que nous apercevons les premières.

La nature est admirable dans tous ses effets, & ne produit jamais rien sans dessein. Le poil commence à poindre à douze ou à quinze ans, lorsque, selon la pensée de Théodoret, l'ame peut distinguer le vice de la vertu. C'est alors que la nature met un voile sur les parties naturelles de l'un & de l'autre sexe, pour leur marquer que l'honnêteté & la pudeur y doivent établir leur principal domicile.

Les parties naturelles de la femme, que l'on apelle nature, parce que tous les hommes y prennent leur origine, sont la cause de la plûpart de nos chagrins, aussi-bien que de nos plaisirs; & j'ose dire que presque tous les désordres qui ont paru dans le monde, & qui y arrivent encore tous les jours, viennent de ces parties-là. On n'a qu'à lire *Pétrone*, & à entendre bien l'histoire des huit années qu'il décrit de la Cour débauchée de *Néron*, pour être persuadé de ce que je dis.

Les lévres (*a*) & les rides (*b*) de ces parties ne sont que les replis que la peau y fait; elles ressemblent à peu près à la crête d'un jeune coq, & les rides y marquent aussi-bien la vieillesse que sur le visage, lorsque les filles vieillissent, ou qu'elles ont prostitué leur pudicité. Ce sont ces rides internes que l'on apelle nimphes, qui dans l'évacuation de l'urine, causent un si grand bruit, qui nous surprendroit sans doute, si nous n'y étions accoûtumés.

Quatre petits morceaux de chair, de la figure d'une feuille de mirthe (*c*) sont placés après les nimphes, qui bien qu'ils soient incessamment arrosés n'éteignent pourtant pas tout

ce-

cela le feu que la nature a allumé dans ces parties. Souvent c'est comme de l'eau, qui tombant sur de la chaux, les excite & les échauffe davantage. Ces caroncules, (*c*) que les Médecins apellent mirtiformes, font quelquefois liées les unes aux autres par des membranes, qui font l'entrée de la matrice si petite, (*d*) qu'à peine l'extrêmité de l'un des doigts y pourroit entrer dans une fille de neuf ou de dix ans, à moins que de lui faire violence en la déchirant. C'est ce que les Matrones veulent dire, lorsqu'en faisant leur raport du violement d'une vierge, elles disent que la corde est rompuë, & c'est aussi la séparation de ces mêmes parties, qui en donnant du sang la premiére nuit des nôces, étoit autrefois parmi les Juifs un signe de défloration ; ce que nous examinerons ci-après avec beaucoup de curiosité.

On voit au haut des nimphes une partie plus ou moins longue que la moïtié du doigt, que les Anatomistes apellent clitoris, (*e*) & que je pourrois nommer la fougue & la rage de l'amour. C'est-là que la nature a mis le trône de ses plaisirs & de ses voluptés, comme elle a fait dans le gland de l'homme. C'est-là qu'elle a placé ces chatouillemens excessifs, & qu'elle a établi le lieu de la lasciveté des femmes. Car dans l'action de l'amour, le clitoris se remplit d'esprits & se roidit enfin comme la verge d'un homme; aussi en a-t'il les parties toutes semblables. On peut voir ses tuyaux, (*f*) ses nerfs (*g*) & ses muscles (*h*), il ne lui manque ni gland (*i*) ni prépuce (*k*), & s'il étoit troué par le bout, on diroit qu'il est tout semblable au membre viril. C'est de cette partie qu'abusent souvent les femmes lascives. Jamais *Sapho* Lesbienne ne se seroit acquise une méchante réputation, si elle avoit eu cette partie plus petite. J'ai vû une fille de huit ans qui avoit déja le clitoris aussi long que la moitié du petit doigt; & si cette partie croît avec l'âge, comme il y a de l'aparence, je me persuade que

propréfentement elle eft auffi groffe & auffi longue que celle de la femme que *Platerus* dit avoir vûë, qui l'avoit auffi groffe & auffi longue que le col d'un oïe.

Cette partie s'enfle tellement pendant la vie de quelques femmes, lorfque l'amour y envoye des efprits, que la peine que l'on a de la rencontrer dans une femme morte, fembleroit incroyable, à moins que d'en avoir fait l'expérience, tant il eft vrai que les parties ne font pas toujours en même état pendant la vie & après la mort.

Mais fi cette partie caufe fouvent des defordres aux femmes, elle leur aporte auffi des avantages : car elle eft à la matrice ce que la luette eft aux poulmons; & le clitoris avec les caroncules, corrige l'air froid qui pourroit incommoder la matrice ; il empêche en même-tems qu'il n'y entre quelque chofe d'étranger.

Toutes les parties que je viens de nommer feroient inutiles à la génération, fi l'hymen que les Poëtes profanes ont dit être le Dieu des nôces, n'en étoit du nombre. Les Anatomistes anciens, qui ne s'occupoient qu'aux choses les plus communes de l'Anatomie, ont pris pour l'hymen les caroncules dont nous avons parlé ci-dessus, qui souvent étant jointes ensemble par des membranes assez fortes, s'oposent à l'entrée du Dieu Priape ; car il n'eût pas été raisonnable que quelque autre chose qui n'eût pas été Dieu, selon la pensée des Payens, se fut oposé aux desseins d'un autre Dieu. Cependant il arrive quelquefois, mais fort rarement, que la nature voulant conserver la matrice de quelques femmes délicates, produit une membrane au-dessus du conduit de l'urine, afin que l'air ou quelque autre chose n'incommode pas les parties internes. Et c'est cette membrane que l'on apelle proprement hymen. Elle est parsemée de veines, & ordinairement trouée par le milieu, pour laisser d'un côté couler les régles, & de l'autre pour donner entrée à la semence de l'homme. Mais comme cette membrane

qu'on

qu'on nomme *hymen*, est contre les loix de la nature, nos Anatomistes ont pris pour l'hymen les caroncules, jointes ensemble par des petites membranes. Et ce qu'ont fait *Vesale*, *Aquapendens*, *Fallope*, *Casserius*, *Sebisius*, *Bauhin*, & plusieurs autres, qui apellent *hymen* ces caroncules jointes, qu'il faut quelquefois couper, comme nous le verrons au *chap.* 3. *art.* 2. par une histoire que tout Paris a oüi dire, & que je raporte dans dans toutes ces circonstances.

ARTICLE IV.

Des parties naturelles & internes de la femme.

ENtre toutes les parties de la femme qui servent à la génération, la matrice tient sans doute le premier lieu. Et quoiqu'elle soit l'une de ses parties les plus foibles, néanmoins elle est le lieu où les tresors de la nature sont cachés. C'est cette terre où
Diogène

Diogène avoit accoutumé de planter des hommes, & où sans honte il s'immortalisoit au milieu des ruës.

Elle est située au bas du ventre, entre la vessie & le gros boyau, qui servent comme des coussins au plus fier & au plus superbe de tous les animaux, pendant qu'il demeure dans les flancs de sa mere.

Dans les femmes de moyenne taille, qui ont accoutumé d'être souvent baisées, elle est grosse, & sa profondeur est d'onze travers de doigt, ou à peu près, depuis l'entrée jusques au fond; mais dans les vierges & dans les vieilles femmes, elle est extrêmement petite, & souvent pas plus grosse qu'une fève ou qu'un œuf de pigeon; ce n'est qu'une peau dure & flétrie, dénuée d'artéres & de veines aparentes.

Lorsque les régles coulent aux filles, ou qu'une femme a conçu, toute sa substance s'enfle un peu plus qu'auparavant, & à mesure qu'un enfant croît, la matrice devient aussi plus simple & plus menuë dans sa circonférence

férence : mais un peu plus épaisse dans son fond à cause de l'arriére-faix qui y est placé & de l'abondance des vaisseaux dont la matrice est parsemée en cet endroit-là : ce que l'expérience de plusieurs dissections m'a souvent fait remarquer.

A considérer une fiole renversée, l'on a une idée assez juste de la figure de la matrice, si ce n'est qu'elle est un peu aplatie lorsqu'elle est vuide. Ses liens la tiennent tellement attachée à toutes les parties du bas ventre, qu'elle ne peut en être ébranlée qu'avec violence. Son col (*a*) s'attache par le bas, & deux ligamens ronds, (*b*) qui se communiquent aux aînes & au-dedans des cuisses, l'empêchent de s'élancer en haut dans les suffocations dont les femmes sont souvent attaquées.

C'est par ces deux liens que les femmes grosses ressentent de si cuisantes douleurs au-dedans des cuisses, & que quelquefois elles se déchargent sur les aînes de l'impureté d'une infame conjonction.

Mais comme la matrice ne peut

monter, elle ne peut auſſi deſcendre, ſi ce n'eſt par quelque effort extraordinaire. Car elle eſt attachée en haut par deux ligamens, qui étant fermes & larges, reſſemblent en quelque façon à des aîles de chauve-ſouris. Et quoique les ligamens (c) ne touchent point la matrice pour l'aſſujétir, ils tiennent pourtant ſes cornes ſi fermes, qui ne ſont des parties, qu'elles ne ſe peut affaiſſer. C'eſt dans ces ligamens larges que les teſticules ſont placés, & les vaiſſeaux qui portent la ſemence à la matrice. Ce ſont les liens qui empêchent la matrice de tomber de ſon lieu par le poids de l'enfant, ou par les violens efforts de l'accouchement; ſi bien que cette partie étant affermie de tous côtés, il eſt bien comme impoſſible qu'elle ſorte du lieu où la nature l'a placée; comme l'antiquité nous l'a voulu perſuader. Elle n'eſt pas ſeulement aſſujétie par toutes les parties que nous venons de nommer; les artéres, les veines, les nerfs qui s'y terminent abondamment, lui ſervent encore de liens,

considéré dans l'état du Mariage. 33

liens, & les membranes qui l'environnent, la preffent de toutes parts, & l'empêchent de fortir de fa place.

Aux deux côtés de la matrice on voit deux vaiffeaux avancés, (*d*) que *Diocles* a apellés les cornes de la matrice, à la reffemblance des cornes dans les bêtes qui ont du raport à celles-ci.

Le col de la matrice eft une de fes parties les plus confidérables; c'eft la porte de la pudeur, & felon l'expérience commune, l'étui du membre viril. Il eft naturellement un peu tortu, afin de défendre la matrice de ce qui pourroit venir de dehors, pour l'incommoder & pour donner davantage de plaifir à l'homme quand il careffe fa femme.

Dès que cette partie commence à fentir les plaifirs de l'amour, elle s'agite tellement, qu'étant d'une fubftance nerveufe & pleine de plis, elle s'élargit ou fe refferre quand il faut.

Si un enfant tire de la mammelle de fa mere le lait avec plaifir, le col de la matrice fucce auffi fort agréablement dans les voluptés amoureu-

fes

ses de la semence, qui rejaillit de la verge de l'homme.

La femme devant beaucoup contribuer à la génération, elle avoit besoin de testicules (*f*) aussi-bien que l'homme ; & je m'étonne qu'il y ait eu des Médecins qui se soient laissez aller dans cette occasion aux sentimens d'*Aristote*. Ce Philosophe a crû que la femme ne concouroit point à la génération, en donnant de sa part de la semence ; mais qu'elle ne communiquoit que des alimens pour nourrir & faire croître ce qu'elle avoit conçu dans ses entrailles, ce que nous examinerons dans la troisiéme partie de ce Livre.

Cependant il est certain que les femmes ont des testicules, (*f*) des vaisseaux spermatiques (*g*) & de la semence, puisqu'elles se polluent quelquefois, & que leurs testicules aplatis, au lieu d'être solides comme ceux des hommes, renferment de petites cellules jointes ensemble, (*h*) qui conservent une humeur qui rejaillit souvent au visage de celui qui les coupe.

Paran

Paracelse & *Amantus*, Portugais de Nation, ont laissé par écrit que la matrice n'étoit pas la seule partie où un enfant pouvoit se former. Ils ont mis dans une fiole de la semence d'un homme avec du sang des régles d'une femme, puis ils ont posé cette fiole dans du fumier chaud pour observer comment la nature agissoit dans les flancs d'une femme, lorsqu'elle travailloit à la génération. Mais outre que cela me paroît impie & impossible, je ne sçaurois ajoûter foi à un imposteur ni à un Juif, l'expérience qu'ils nous proposent.

J'avouë pourtant de bonne-foi qu'il y a quelques histoires qui nous marquent qu'un enfant s'est formé dans l'estomac d'une femme, & que quelques autres ont été trouvés dans les vaisseaux spermatiques, que l'on apelle les cornes de la matrice. Mais pour dire là-dessus ce que je pense, la premiére histoire me semble tout-à-fait impossible; car l'estomac faisant tous les jours sa digestion, ne peut changer son action pour celle de la matrice. L'autre me paroît plus faisable, les cornes étant une partie de la matrice, & ayant tout ce qu'il faut pour la conception & pour la nourriture du fruit, comme nous le prouverons ailleurs.

La matrice, selon le sentiment de *Platon*, est un animal qui se meut extraordinairement, quand elle haït ou qu'elle aime passionnément quelque chose. Son instinct est surprenant, lorsque par son mouvement précipité elle s'aproche du membre de l'homme, pour en tirer dequoi s'humecter & se procurer du plaisir.

Son action principale est la conception; lorsque la semence de l'homme & de la femme s'assemblent dans ses replis, elle les reçoit agréablement, comme une bonne mere, dont elle s'est attribué le nom. Elle les couvre, pour ainsi dire, par sa chaleur modérée, afin de faire un jour de ses semences animées la plus belle production que la nature ait jamais tentée. Ce que nous examinerons plus particuliérement au Livre III. La matrice a encore

core d'autres usages, dont le principal est de vuider le sang superflu des femmes, & de les décharger ainsi des impuretés dont elles pourroient être un jour incommodées. Il ne faut pas s'imaginer, comme quelques-uns ont fait, que ce sang puisse aller jusques à aquerir la qualité de venin; au contraire, il est ordinairement beau & pur, & ce n'est que par abondance qu'il sort tous les mois des artéres de la matrice.

CHAPITRE II.

De la proportion naturelle, & des défauts des parties génitales de l'homme & de la femme.

SI nous remarquions ce qui se passe tous les jours dans le monde parmi les animaux les plus parfaits touchant l'ouvrage de la génération, nous observerions que Dieu, ou si l'on veut, la nature, qui est l'organe universel de sa puissance, a donné à chaque espéce

péce des parties différentes pour se perpétuer. Que les unes reçoivent les parties des autres, lorsqu'il se fait une jonction de corps pour la propagation de chacune. Les parties génitales ne se font pas par hazard dans les flancs des femelles. Les ames dans les bêtes, & les intelligences dans les femmes, font tout l'attirail des parties naturelles de l'un & de l'autre sexe, par le commandement de la nature.

L'intelligence, ou si l'on veut parler autrement, l'ame que Dieu a créée & placée ensuite dans le petit corps d'un Chinois au milieu de la Chine, pour me servir de cet exemple, choisit dans le corps de sa mere, qui vient de concevoir, la matiére la plus proportionnée à former toutes les parties qui doivent un jour contribuer à la génération. Elle n'a pas besoin de modèle pour cela : il suffit qu'elle exécute les desseins de la nature, pour garder toutes les mesures & les proportions qu'il est nécessaire de garder dans la figure des parties secrettes de cet homme à venir. Elle place donc

donc ces parties dans leur lieu naturel; elle fait une étroite liaison de tout ce qui les compose, pour les faire un jour agir commodément quand il en sera besoin.

D'ailleurs une autre intelligence, qui est de la même nature que l'autre, s'occupe au milieu de la France à choisir dans les entrailles d'une femme qui vient de concevoir, la matiére la plus disposée à former les parties naturelles d'une fille. Elle agit si bien en cette rencontre, qu'elle les rend propres à être un jour le lieu où un homme doit être engendré.

Les parties naturelles de ces deux enfans sont si justes, leurs ouvertures si mesurées, leurs profondeurs si réglées, leurs distances si proportionnées, enfin toutes les dimensions sont si bien observées, qu'il ne reste plus rien qu'à admirer l'ouvrage de Dieu par le ministére de ces deux intelligences. Car bien qu'elles soient éloignées l'une de l'autre de la longueur de la moitié de la terre, elles ont cependant si justement fabriqué

les

les deux parties secrettes de l'un & de l'autre sexe, que lorsque ces parties seront un jour en état de se joindre amoureusement, rien ne manquera à leur conjonction. Elles se presseront si commodément de tous côtés, que l'on diroit qu'elles ont été coulées au moule, tant elles sont proportionnées les unes aux autres.

Mais si ces intelligences manquent de matiéres pour former les parties de la génération de l'un des deux sexes: si la matiére est trop abondante, qu'elle ne soit pas flexible, ou qu'elle ait des qualités & des figures rebelles; si la figure de la matrice de la mere est incommodée & que son tempérament soit déréglé, quelle aparence y a-t-il que ces intelligences puissent réussir à façonner ces parties, qui doivent un jour perpétuer les hommes?

Je ne sçaurois accuser ni la nature, ni ces intelligences de commettre ces défauts; elles ne font jamais rien d'elles-mêmes de défectueux, & sur-tout quand elles se proposent la génération & la conservation des hommes.

Ces manquemens & ces maladies n'arrivent pas feulement aux parties naturelles de l'enfant qui fe forme dans les flancs de fa mere; il en eſt encore attaqué après qu'il en eſt forti, ainfi que nous le dirons ailleurs.

❋❋❋❋❋❋❋❋❋❋❋❋❋❋❋❋❋❋❋❋❋❋

ARTICLE I.

De la proportion des parties naturelles de l'homme & de la femme, felon les loix de la nature.

Quoique l'on évite tous les jours d'expofer aux yeux les miſtéres de l'amour, nous fçavons pourtant tout ce qui fe paſſe dans l'action du mariage, & nous fommes fort contens lorfque nous en avons des connoiſſances plus parfaites. Si d'un côté le péché a attaché de la honte à cette connoiſſance, pour me fervir de la penfée de *S. Auguſtin*; de l'autre, la nature n'y a rien mis que de bienféant.

La nature qui n'a jamais rien fait fans deſſein, a établi des loix pour
toutes

toutes les parties qui nous composent; celles que nous apellons amoureuses ont ordinairement leur dimen-
sion dans les hommes & dans les femmes; & le membre de l'homme, selon
ces mêmes loix, ne doit avoir communément que six ou huit pouces de
long, & que trois ou quatre de circonférence; c'est la plus juste mesure que
la nature ait gardée en formant cette
partie dans la plûpart des hommes. Si
la verge est plus grande & plus grosse,
il faut trop d'artifice à la faire mouvoir, & les habitans du Midi sont
principalement pour cela moins propres que nous à la génération.

 Le conduit des parties secrettes de
la femme, est ordinairement de six
ou de huit pouces de profondeur, &
sa circonférence interne n'a point de
mesure déterminée; car, par une admirable structure, ce conduit s'ajuste
si proprement à la partie de l'homme qui en est pressée, qu'il devient
plus ou moins large, selon les instrumens qui le touchent.

ARTI-

CHAPITRE II.

Des défauts des parties naturelles de l'homme.

LEs Casuistes & les Jurisconsultes traitent ces sortes de matiéres aussi-bien que les Médecins; mais ils les traitent d'une façon toute différente. Les premiers croyent être obligés d'en parler pour le salut des ames, en refusant le mariage à ceux qu'ils en jugent incapables, & en séparant pour quelque-tems l'homme & la femme, que quelques incommodités de parties auroient troublés dans le mariage.

Les Jurisconsultes se sentent aussi excités, par l'intérêt de la justice & pour le bien de l'Etat, d'agiter ces mêmes questions. Ils veulent par-là sçavoir les causes de la dissolution du mariage, pour en corriger les abus. Mais parce que ces matiéres difficiles sont souvent fort mal touchées par les uns & par les autres, je tâcherai d'éclaircir les difficultés qui en dépendent, afin que l'on puisse ensuite juger sainement des différends qui tomberont entre les mains de ceux qui en doivent être ou les Juges ou les arbitres.

Quand les parties naturelles de l'homme ne peuvent s'unir avec celles de la femme, l'on doit souvent en accuser les défauts naturels des unes ou des autres; mais pour comprendre comment ces défauts arrivent, il faut s'imaginer que l'intelligence, qui a ordre de faire le corps d'un garçon dans les entrailles de sa mere, ne trouvant pas toujours assez de matiéres pour former les parties naturelles d'un enfant, elle est obligée de rendre défectueuses ces mêmes parties; & parce que les parties qui servent à la vie, sont beaucoup plus nécessaires que celles qui contribuent à la propagation de l'espéce, que d'ailleurs celles-là sont plûtôt formées que celles-ci, il arrive quelquefois que l'intelligence employe aux parties nécessaires à la vie, presque toute la matiére qui étoit destinée aux parties secrettes, & ainsi ces dernières parties deviennent fort petites dans la suite du tems, leur matière ayant été ménagée pour d'autres.

Ce fût-là la cause d'une des observations de *Platérus*, qui remarque qu'un homme n'avoit que le gland couvert de son prépuce, au lieu de membre viril.

Les défauts des parties secrettes, aussi-bien que des autres, dont nous sommes souvent composés, ne sont pas toujours naturels, & le Gentilhomme, dont nous parle *Paul Zachias*, n'auroit jamais engendré, s'il eût manqué dès le ventre de sa mere de la moitié de ses parties naturelles.

La mortification de la chair & la chasteté sont souvent de puissantes causes pour diminuer nos parties naturelles. L'exemple de *S. Martin*, nous le fait bien voir, lui qui pendant sa vie avoit tellement macéré son corps par des austérités inoüies, & qui s'étoit tellement roidi contre les libertés de son siécle, qu'après sa mort, si nous en croyons *Sulpice*, sa verge étoit si petite, que l'on ne l'auroit

point

point trouvée, si l'on n'eut sçu le lieu qu'elle devoit occuper.

Les verges trop longues ou trop grosses ne sont pas les plus propres, ni pour la copulation, ni pour la génération. Elles incommodent les femmes & ne produisent rien; si bien que pour la commodité de l'action, il faut que la partie de l'homme soit médiocre, & que celle de la femme soit proportionnée, afin de s'unir l'une à l'autre & de se toucher agréablement de toutes parts.

Il n'y a point d'autre cause de ce vice naturel, que l'abondance de la matiére dans les premiéres semaines de la conception; si bien que l'intelligence, qui a soin de la formation de cette partie aussi-bien que des autres, ne sçachant que faire de tant de matiére qui reste après les principales parties formées, elle l'employe à faire une grosse & longue verge.

S'il est vrai ce que les Phisionomistes nous disent, que les hommes qui ont de grands nés ont aussi de grandes verges, & qu'ils sont plus robustes

& plus courageux que les autres, nous ne devons pas nous étonner de ce qu'*Héliogabale*, que la nature avoit favorisé de grandes parties génitales, comme l'écrit *Lampridius*, choisissoit des soldats qui avoient de grands nez, afin d'être plus en état, avec moins de troupes, de faire quelque expédition de guerre, ou de résister plus fortement aux efforts de ses ennemis : mais il ne s'apercevoit pas en même-tems, que ces gens aux grandes verges étoient les plus étourdis & les plus stupides des hommes.

Souvent les petits hommes ont un membre plus grand que les autres ; il s'en est même trouvé autrefois qui avoient la verge si longue, si nous en croyons *Martial*, qu'ils étoient souvent en état de la flairer ; & je ne sçai si ce Poëte ne vouloit point parler de *Clodius*, qui viola *Pompeia* femme de *César*, dans le Temple de la Déesse *Bona*, lequel, au raport de l'Histoire, avoit le membre aussi gros que les deux plus grosses verges que l'on eût pû joindre ensemble.

On doute si la semence est prolifique qui passe par une longue verge. *Galien*, après *Aristote*, a agité cette question. Ils disent tous deux que les esprits qui résident abondamment par la longueur du chemin, la semence n'est plus ensuite capable de production. Mais plusieurs Médecins, & entr'autres le sçavant *Hucher*, sont d'un tout autre sentiment. Car la semence se portant directement dans le fond de la matrice sans être altérée de l'air, ni par aucune autre cause étrangère, elle a toutes les dispositions nécessaires pour la génération, & les histoires que ce grand Médecin nous raporte sur ce sujet, nous font bien voir que la vérité est toute pour lui.

A moins que les deux parties génitales des deux sexes ne soient bien proportionnées, comme je l'ai déja dit, il n'y a pas d'aparence qu'elles se joignent étroitement l'une à l'autre ; car si l'homme est un peu membru & que la femme soit fort étroite, la conjonction n'est point agréable ; & l'on ne peut se souffrir

l'un

l'un l'autre. Mais si ce même homme se joint ensuite amoureusement à une autre qui soit plus ouverte, il ne la touchera qu'avec plaisir, au lieu des plaintes & des douleurs qu'il causoit à la premiére. Si bien qu'il est vrai de dire, que celui qui nous a donné tant de remédes contre l'amour, nous a laissé par écrit, que si nous aimons les personnes qui ont des inclinations & des parties proportionnées aux nôtres, notre flâme est heureuse, & il ne vient de notre amour légitime que des tendresses & des voluptés permises.

En effet, si les deux femmes dont *Platérus* nous fait l'histoire, avoient pû souffrir leurs maris, elles ne se seroient jamais plaintes en justice, & jamais les Juges n'auroient prononcé d'un commun consentement, que leurs mariages étoient invalides, avec injonction aux femmes d'entrer dans la solitude, & permission aux hommes de se remarier à d'autres, qui ne furent pas si simples après leurs mariages, que de se plaindre de la grosseur des parties naturelles de leurs maris.

Je ne parle point de la grosseur prodigieuse de la verge de quelques hommes : on sçait qu'ils ne sont pas destinés pour le mariage, & l'on auroit eu grand tort si l'on avoit voulu remarier l'homme dont parle *Fabrice de Hilden*, qui l'avoit aussi grosse qu'un enfant nouvellement né.

Ce ne sont pas seulement les grosses & les petites verges qui sont des défauts dans les hommes ; elles sont encore défectueuses, si elles sont mal figurées, ou si toutes les parties qui les composent ne sont pas dans leur lieu naturel : car parmi les Chrétiens, les nôces n'étant instituées que pour avoir des enfans, il n'y a pas lieu de douter, que si un homme a ses parties naturelles si mal figurées qu'il ne puisse consommer le mariage, & que ces défauts soient incurables, le mariage ne doit être déclaré invalide.

Enfin il y a tant d'autres défauts qui privent le membre viril de son action ordinaire, qu'il faudroit faire un discours particulier sur cette matiére pour les décrire tous ; car pour le dire en peu de mots, on ne sçauroit caresser agréablement une femme, & encore moins d'engendrer, si l'on est maltraité d'une gonorrhée cordée, ou d'un nodus virulent, si les parties naturelles sont affligées de porreaux, d'ulcéres ou cicatrices, si le prépuce est d'une grandeur prodigieuse, si la verge est bridée par le fil du gland, ou enfin si l'on est attaqué par des maladies qui empêchent de caresser une femme & qui souvent sont la cause de la dissolution du mariage, ainsi que nous l'examinerons ailleurs.

ARTICLE III.

Des défauts des parties naturelles de la femme.

JE suis persuadé que la femme a moins de chaleur que l'homme, & qu'elle est aussi sujette à beaucoup plus d'infirmités que lui. La stérilité, qui en est une des plus considérables, vient le plus souvent plûtôt de son côté que de celui du mari : car entre cette infinité de parties qui composent ses parties naturelles, s'il y en a une qui manque ou qui soit défectueuse, la génération ne peut s'accomplir ; & une femme qui est imparfaite ne peut espérer l'honneur d'être apellée de ce doux nom de mere.

Je n'ai pas résolu ici de parler de toutes les parties qui concourent du côté de la femme à la formation de l'enfant, il me semble en avoir assez dit au chapitre précédent. Mon dessein n'est presentement que de découvrir les défauts des parties naturelles de la femme, qui peuvent empêcher la copulation, & qui peuvent être guéries.

Je ne m'étonne pas si les Phéniciens, au raport de *S. Athanase*, obligeoient leurs filles, par des loix sévéres, de souffrir avant d'être mariées, que des valets les déflorassent ; & les Arméniens, ainsi que *Strabon* le raporte, sacrifioient les leur dans le Temple de la Déesse *Anaïtis* pour y être dépucelées, afin de trouver ensuite des partis avantageux à leur condition. Car on
ne

ne sçauroit dire quels épuisemens & quelles douleurs un homme souffre dans cette premiére action, au moins si la fille est étroite. Bien loin d'éteindre la passion d'une femme, souvent on lui cause tant de chagrin & de haine, que c'est pour l'ordinaire une des sources du divorce des mariages. Il est bien plus doux de baiser une femme accoûtumée aux plaisirs de l'amour, que de la caresser quand elle n'a point encore connu d'homme. Car comme nous prions ici un serrurier de faire mouvoir les ressorts d'une serrure neuve qu'il nous aporte, pour éviter la peine que nous y prendrions le premier jour ; ainsi les peuples, dont nous venons de parler, avoient raison d'avoir établi de semblables loix.

Jeanne d'Arc, apeliée la *Pucelle d'Orléans*, étoit du nombre de ces filles étroites ; & si elle eût prostitué son honneur ou qu'elle eût été mariée, comme les ennemis de sa vertu & de sa bravoure le publient encore aujourd'hui, jamais *Guillaume de Cauda* & *Guillaume des Jardins*, Docteurs en Médecine

n'aun'auroient déclaré, lorsqu'ils la visitèrent dans la prison de Roüen, par l'ordre du Cardinal d'Angleterre & du Comte de *Warwic*, qu'elle étoit si étroite, qu'à peine auroit-elle été capable de la compagnie d'un homme.

Ce n'est pas ordinairement un grand défaut à une femme d'avoir le conduit de la pudeur trop étroit, à moins que cela n'aille, comme il arrive quelquefois, jusqu'à s'oposer à la copulation & à la génération même. Le défaut est bien plus commun quand ce passage est trop large, & il ne faut pas toujours mal juger des filles qui ont naturellement le conduit de la pudeur aussi large que les femmes qui ont eu plusieurs enfans.

Bien que ce défaut n'empêche pas la copulation, cependant on ne voit guères de femmes larges qui conçoivent dans leurs entrailles, parce qu'elles ne peuvent garder long-tems la liqueur qu'un homme leur a communiquée avec plaisir.

Le conduit de la pudeur est naturellement un peu courbé : il ne se redresse que lorsqu'il est question de se joindre

dre amoureusement : car il étoit bien juste que d'un côté la nature le roidit, puisque de l'autre côté elle roidissoit les parties génitales de l'homme, pour favoriser la conjonction de l'un & de l'autre, & pour faciliter la génération.

L'amour tout seul n'est point capable de redresser ce canal quand il est endurci. L'imagination n'a point assez d'empire sur cette partie pour la ramollir, & les esprits s'émoussent & perdent leur vigueur quand ils agissent sur sa dureté. Il faut des humeurs douces & bénignes que la nature y fait passer tous les mois pour adoucir & redresser ces parties endurcies. A moins de cela, elles ne se rendent point capables de faire leur devoir en contribuant à la production des hommes.

Si nous suivions en France ce que *Platon* nous a laissé par écrit pour une République bien réglée, nous ne verrions point tant de désordres dans les mariages que nous en observons quelquefois. On se marie à l'aveugle, sans avoir auparavant considéré si l'on est capable de génération. Si avant que de se se marier on s'examinoit tout nud, selon les loix de ce Philosophe, ou qu'il y eût des personnes établies pour cela, je suis assuré qu'il y auroit quelques mariages plus tranquilles qu'ils ne le sont, & que jamais *Hammeberge* n'eût été répudiée par *Théodoric*, si ces loix eussent été alors établies.

A voir une jeune femme bien faite, on ne diroit point qu'elle a des défauts qui s'oposent à la copulation. Quand son mari veut exécuter les ordres qu'il a reçus en se mariant, il trouve des obstacles qui s'oposent à sa vigueur. L'hymen, ou les caroncules joints fortement ensemble, occupant le canal des parties naturelles de sa femme, s'oposent à ses efforts. Il a beau pousser & se mettre en feu, ces obstacles ne cèdent point à la force; & quand il auroit autant de vigueur que tous les Ecoliers du Médecin *Aquapendens*, jamais il ne pourroit dépuceler sa femme qui est presque toute fermée. Toutes les femmes fermées, & qui vivent après 15 ou 18 ans, ne sont pas entiérement fermées; elles ont un petit trou, ou plu-

plusieurs ensemble, pour laisser couler les régles, & pour donner quelquefois entrée à la semence de l'homme. Car bien que ces femmes ne soient pas capables de copulation, elles peuvent pourtant quelquefois concevoir ; & c'est ainsi qu'engendra *Cornélia*, mere des *Gracques*, à qui il fallut faire incision avant que d'accoucher.

L'accouchement est quelquefois accompagné d'accidens fâcheux, que les femmes se fendent d'une maniére étonnante ; & j'en ai vû une dont les deux troux n'en faisoient qu'un. Ces parties se déchirent d'une telle façon, & la nature en les repoussant y envoye tant de matiére, qu'il s'y engendre plus de chair qu'auparavant ; si bien qu'après cela l'ouverture en est presque toute bouchée ; & quand ces femmes sont un jour en état d'être embrassées par leurs maris, elles sont fort surprises de n'être pas ouvertes comme auparavant.

Les ulcéres véroliques qui arrivent aux parties naturelles des femmes font la même chose ; ils foulent tellement la chair d'un côté & d'autre quand ils se

gué-

guériffent, qu'il ne refte le plus fouvent qu'un petit trou, qui fert à vuider de tems en tems les ordures des femmes. Souvent il y a du rifque pour la vie, fi on les coupe & fi on élargit le conduit de la pudeur. Celle qui dans une pareille occafion demandoit du fecours à *Benivenius*, n'en fut pas pour cela exaucée ; car ce Médecin craignant que s'il la coupoit il n'en arrivât quelque funefte accident, aima mieux la laiffer vivre de la forte.

Il arrive tant de défauts dans les parties naturelles des femmes, qui s'opofent à la confommation du mariage & par conféquent à la génération, qu'il faudroit faire un livre tout entier, pour parler des uns après les autres. Il me fuffira feulement d'ajoûter à ce que nous avons dit ci-deffus, qu'il naît quelquefois des excrefcences de chair dans le col de la matrice, dont la copulation eft empêchée, que le clitoris devient fi grand, qu'il en défend l'entrée, & que les lévres font quelquefois fi longues & fi pendantes, que l'on eft obligé de les couper aux filles avant que de les marier.

CHA-

plusieurs ensemble, pour laisser couler les régles, & pour donner quelquefois entrée à la semence de l'homme. Car bien que ces femmes ne soient pas capables de copulation, elles peuvent pourtant quelquefois concevoir; & c'est ainsi qu'engendra *Cornélia*, mere des *Gracques*, à qui il fallut faire incision avant que d'accoucher.

L'accouchement est quelquefois accompagné d'accidens fâcheux, que les femmes se fendent d'une maniére étonnante; & j'en ai vû une dont les deux troux n'en faisoient qu'un. Ces parties se déchirent d'une telle façon, & la nature en les repoussant y envoye tant de matiére, qu'il s'y engendre plus de chair qu'auparavant; si bien qu'après cela l'ouverture en est presque toute bouchée; & quand ces femmes sont un jour en état d'être embrassées par leurs maris, elles sont fort surprises de n'être pas ouvertes comme auparavant.

Les ulcéres véroliques qui arrivent aux parties naturelles des femmes font la même chose; ils foulent tellement la chair d'un côté & d'autre quand ils se

gué-

guérissent, qu'il ne reste le plus souvent qu'un petit trou, qui sert à vuider de tems en tems les ordures des femmes. Souvent il y a du risque pour la vie, si on les coupe & si on élargit le conduit de la pudeur. Celle qui dans une pareille occasion demandoit du secours à *Benivenius*, n'en fut pas pour cela exaucée ; car ce Médecin craignant que s'il la coupoit il n'en arrivât quelque funeste accident, aima mieux la laisser vivre de la sorte.

Il arrive tant de défauts dans les parties naturelles des femmes, qui s'oposent à la consommation du mariage & par conséquent à la génération, qu'il faudroit faire un livre tout entier, pour parler des uns après les autres. Il me suffira seulement d'ajoûter à ce que nous avons dit ci-dessus, qu'il naît quelquefois des excrescences de chair dans le col de la matrice, dont la copulation est empêchée, que le clitoris devient si grand, qu'il en défend l'entrée, & que les lévres sont quelquefois si longues & si pendantes, que l'on est obligé de les couper aux filles avant que de les marier.

CHA-

CHAPITRE III.

Des remédes qui corrigent les défauts des parties naturelles de l'homme & de la femme.

SI je n'avois remarqué en lisant les Livres des Casuistes & des Jurisconsultes, plusieurs erreurs que les uns & les autres commettent lorsqu'ils parlent des causes de la dissolution du mariage, je me serois contenté du Chapitre précédent, & ne me serois pas donné la peine d'observer dans celui-ci, qui n'en est qu'une suite, les remédes que l'on doit aporter aux parties naturelles des hommes & des femmes, qui sont incommodés de maladies, que l'on juge le plus souvent incurables.

Ce sont ces maladies qui les empêchent de se caresser & se donner réciproquement les libertés que le mariage leur permet de prendre.

Je ne parlerai ici que des incommodités qui affligent les dehors des partiés naturelles de l'un & de l'autre sexe, & je n'examinerai que celles que l'on peut guérir, ayant dessein de discourir ailleurs de toutes les causes incurables, qui font l'impuissance des hommes & la stérilité des femmes, & qui peuvent donner lieu au divorce entre deux personnes mariées.

CHAPITRE I.

Des maladies qui arrivent au membre viril, & qui peuvent être guéries.

Puisque le mariage n'est institué que pour avoir des enfans, on doit croire que si les parties génitales de l'un & de l'autre sexe ne sont pas en état de se joindre étroitement, on ne sçauroit exécuter le dessein qu'a l'Eglise lorsqu'elle nous confére ce Sacrement.

La conjonction du mâle & de la femelle doit précéder la génération : si la copulation manque par des défauts naturels, ou par quelque accident inopiné, l'espérance que l'on a d'avoir
des

des enfans est vaine, puisque celle-ci n'est qu'une suite de l'autre.

Et pour m'expliquer plus clairement par des exemples, je dirai que cette jeune Demoiselle veut se plaindre hautement en Justice de la longueur du membre de son mari, dont l'aproche lui est un cruel suplice. En effet, la douleur qu'elle ressent quand elle en est touchée, lui fait perdre le sentiment & souvent la rend comme immobile; car cet homme lui déchire les nimphes, lui meurtrit les caroncules, lui fait fendre le conduit de la pudeur, & enfonce le fond de sa matrice; c'est de-là que vient une grande effusion de sang, un flux de ventre ennuyeux, & les autres incommodités qu'elle souffre après avoir été caressée de la sorte.

Ces maux ne sont pas pourtant sans remède : car si l'on a soin de trouer par le milieu un morceau de liége de la hauteur d'un ou deux pouces, selon l'excès de la longueur du membre, & qu'on le garnisse ensuite de coton, dessus & dessous, que ce coton soit garni d'une toile molette, qui doit être piquée

quée près à près, & que ce bourlet, ou pour mieux dire, cet écusson soit convexe par le haut & par le bas ; qu'ensuite on y couse à chaque côté deux petits rubans ; & que quand l'amour fera ressentir son feu, on fasse passer le membre par le trou de l'écusson, & qu'on lie à chaque cuisse les deux petits rubans que l'on y a cousus pour le tenir assujéti, on jouira après cela des nouveaux plaisirs que l'artifice aura inventés. C'est alors que la Demoiselle ne fuira plus les caresses de son mari & qu'elle ne lui refusera plus ses embrassemens amoureux. Si par hazard son mari oublie l'écusson, elle aura soin d'en porter un autre, ou la nécessité lui fera trouver agréable sa main, dont elle évitera les douleurs qu'elle ressentoit autrefois, & le désespoir où elle étoit d'avoir des enfans dans la suite de son mariage.

La grosseur du membre de l'homme n'est pas si fâcheuse à une femme que sa longueur excessive. Elle ne fait qu'élargir des parties, qui étant membraneuses & charnuës, s'élargissent assez
aisé-

aisément quand on le veut. La nature les a faites pour cela, & aujourd'hui il se trouve peu de femmes qui se plaignent de la grosseur de la verge de leur mari, pourvû qu'une femme soit d'une taille médiocre, qu'elle n'ait point les flancs rétrécis, ni de défauts à ses parties naturelles, je ne vois pas de fâcheux accidens à craindre, quand dans le mariage elle se servira d'une grosse verge. Si ses parties sont trop étroites, il n'y a qu'à les faire dilater par les remédes que nous exposerons à l'article suivant ; ou, si l'on veut, il n'y a qu'à faire diminuer la grosseur excessive du membre de l'homme, ce que l'on peut faire par des cataplasmes froids & astringens. J'apréhenderois pourtant que ces sortes de remédes ne détruisissent la semence, & ne la rendissent incapable d'être féconde, si bien qu'il vaudroit beaucoup mieux élargir le conduit de la pudeur, que de s'arrêter trop long-tems à diminuer la grosseur de cette autre partie.

J'ai déja dit que je ne parlerois point ici des maladies incurables, ni de la grosseur prodigieuse de la verge de l'homme, qui auroit été causée par quelque maladie. Je sçai que l'on n'est point alors disposé à s'en servir pour plaire à sa femme, ni pour engendrer: & je ne sçaurois croire que *Pierre Perrod*, Maréchal du Village de Creseiat en Suisse, eût eu envie à l'âge de 40 ans de se joindre amoureusement à sa femme, lorsque sa verge étoit aussi grosse qu'un enfant naissant; car, au raport de *Fabrice de Hilden*, il portoit entre ses cuisses une grosse masse de chair inégale, livide & molette comme un champignon, que ce Médecin Allemand lui coupa. Bien loin de mourir de cette opération, il se porta ensuite beaucoup mieux, & avoit de tems en tems des mouvemens de concupiscence, lorsqu'il étoit couché auprès de sa femme; mais malheureusement il manquoit des parties pour exécuter les ordres secrets de la nature.

Le membre viril étant roide devient tortu, lorsque le fil qui lie par-dessous le prépuce au gland, s'avance jusqu'au conduit de l'urine, si bien que

Tom. I. pag. 65.

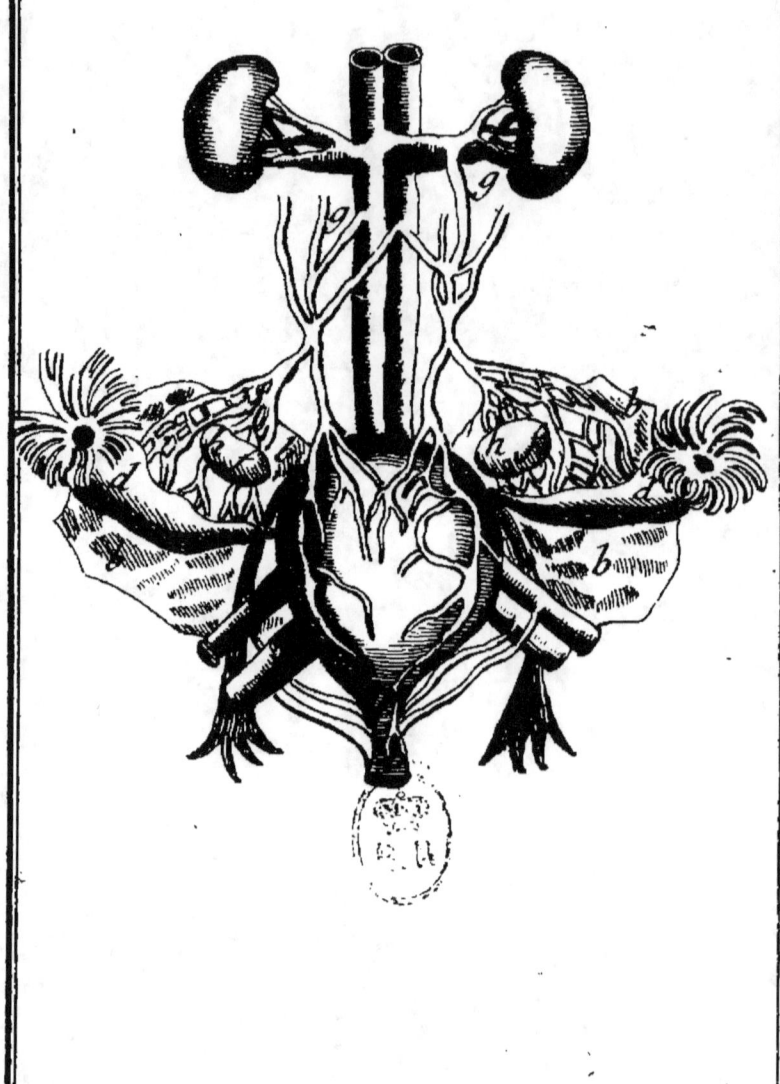

Fig. 4.

que la tête du membre étant tirée en bas par cette bride, la verge est contrainte de se plier en forme d'arc. Si avec cette incommodité un homme veut se joindre amoureusement à sa femme, il augmente sa douleur & s'aperçoit que sa verge se courbe encore plus qu'auparavant. Néanmoins la passion extrême de l'amour fait quelquefois oublier la douleur, témoin ce Ministre Luthérien, dont parle *Hofman*, qui la méprisant généreusement, fit plusieurs enfans à sa femme, malgré cette incommodité.

Il n'est pas fort difficile de trouver un reméde à ce défaut ; il n'y a qu'à donner un coup de ciseau au lieu qui tient le gland trop géné, & à empêcher ensuite la jonction du prépuce avec le gland. Pour guérir promptement le mal qu'aura fait le ciseau, on mettra entre la playe un linge trempé dans un blanc d'œuf battu, & l'on continuera ce reméde quelques jours de suite, pour donner le tems à la nature d'y former la cicatrice.

Les Matrônes Italiennes ont une fort

mau-

mauvaise coûtume sur ce sujet; elles se laissent croître l'ongle du pouce de la main droite, & après avoir aperçu le fil de la langue, ou du gland des petits enfans, elles le coupent de leur ongle, & brisent ainsi ce qui tient ces parties trop assujéties. Mais pour dire ce que je pense sur ces sortes de déchiremens, il ne peut arriver de-là que des inflammations, qui souvent sont bien-tôt après suivies de la mort.

 Il y a encore une autre cause qui rend tortu le membre de l'homme; sçavoir, lorsque le prépuce est tellement joint au gland, soit par un défaut naturel, ou par des ulcéres négligés, que l'on ne sçauroit alors caresser une femme sans ressentir des douleurs extrêmes. Nos Médecins, qui n'ont pas trouvé indigne d'eux de contribuer par leurs propres mains à la santé des hommes, prétendent que cette incommodité peut être guérie, si l'on y aporte le soin & l'adresse qui y est nécessaire, cependant ils sont d'un avis contraire sur l'opération. Les uns croyent qu'il faut couper beaucoup plus de prépuce
que

que de gland ; parce que le prépuce étant une peau qui ne peut donner beaucoup de sang, ni causer une inflammation considérable, ainsi qu'on le remarque tous les jours dans le Circoncision des Juifs, l'opération en doit être plus aisée & moins dangereuse. Les autres au contraire veulent qu'on coupe plus de gland que de prépuce ; parce, disent-ils, que la cicatrice s'en doit plûtôt faire, que l'on est ensuite plus disposé à faire des enfans, & qu'il est même de la bienséance de se tenir toujours le gland couvert. Mais pour moi, il me semble que le meilleur est de tenir le milieu de ces opinions, & que si l'on doit en favoriser quelqu'une, ce doit toujours être la première.

Après que l'opération est faite & que l'on a découvert le gland autant qu'il le faut, on met entre deux, comme j'ai dit ci-dessus, un linge trempé dans un blanc d'œuf battu, ou dans un digestif que le Chirurgien aura composé, selon les indications qu'il aura prises de la partie malade, de la douleur & des accidens qu'il doit toujours

con-

considérer en faisant ces remédes. Sur cela *Fabrice de Hilden* nous fait une histoire d'un homme de vingt ans, qui s'étant marié avec une très-belle fille, se trouva impuissant le premier jour de ses nôces, étant incommodé de cette sorte de maladie ; ce sçavant Médecin en fit lui-même l'opération, & le jeune homme étant guéri de son incommodité, satisfit si bien sa femme, qu'après cela elle ne se plaignit plus de l'impuissance de son mari.

Il se rencontre encore une troisiéme cause, qui rend le membre tortu quand il se roidit. Après les complaisances qu'un homme a eues pour une Courtisane infâme, en se tenant long-tems en état de satisfaire les apétits déréglés de cette femme, il vient quelquefois à l'un des côtés de la verge, ce que nous apellons *Nodus* ou *Ganglion*, qui n'est qu'une dureté, grosse ordinairement comme une féve, placée sur les nerfs de cette partie. Quand on presse fortement cette dureté, on n'y sent qu'une douleur obscure ; mais quand le membre vient à se roidir, c'est alors que les dou-

considéré dans l'état du Mariage. 69

douleurs sont extrêmes, par la gêne & la torture que souffre la verge, dans une figure courbée qui est contre les loix de la nature.

Il y en a qui ont voulu guérir cette maladie, en ramolissant la dureté qui la causoit; mais ils ont jetté les malades dans un desespoir de guérison. Ils n'ont pas prévû que les remédes ramolissans qu'ils y apliquoient, augmentoient le mal en dilatant les parties nerveuses de la verge, qui recevoit ensuite plus d'esprits vaporeux qu'auparavant. Car en humectant le *Nodus*, ils élargissoient ainsi les ligamens poreux, à la façon des varices & des anevrismes, & augmentoient le mal par ce moyen-là, plûtôt que de le guérir.

L'expérience nous enseigne qu'il en falloit user d'une toute autre maniére. Elle nous a montré que les remédes astringens contribuoient seuls à la guérison de cette maladie, tellement que si l'on moüilloit des plumaceaux & des linges & qu'on les apliquât tiédes sur la partie malade, on guérissoit bien-tôt cette incommodité.

Jacques

Jacques Houllier nous aprend un remède industrieux, pour donner à une verge tortuë la figure qui lui est propre & naturelle. Il nous raporte, qu'un homme qui étoit impuissant de la sorte, fut parfaitement guéri de son incommodité, après avoir fait entrer sa verge dans un canal de plomb, proportionné à sa grosseur & avoir retenu le canal assujéti par des attelles pendant un tems assez considérable. La verge de l'homme est molette & flétrie, par beaucoup de causes qui s'oposent à l'action pour laquelle la nature l'a formée. Si un homme est trop jeune ou trop vieux, son membre ne se roidit point ; & si quelquefois cela lui arrive, la dureté est sans effet & l'on ne peut en attendre des suites avantageuses pour la production d'un homme. Souvent les esprits vaporeux en sont la cause, & une semence prolifique ne se trouve presque jamais dans ces âges-là.

D'ailleurs, si l'on est malade, ou que l'on ne fasse que relever de quelque fâcheuse maladie, ou enfin que la verge soit incommodée dans quelques-unes
de

de ses parties, il n'y a pas d'aparence qu'elle agisse à moins que l'on y aporte auparavant les remédes nécessaires.

D'autre part, si l'on a pris par la bouche, ou que l'on se soit apliqué des remédes pour éteindre le feu de la concupiscence & combattre les éguillons de la chair, comme nous le remarquerons ailleurs, les parties naturelles étant trop molettes ne sont point alors en état de contribuer à la génération.

Enfin, si l'on est enchanté & ensorcelé, comme on le dit, toutes les parties génitales languissent & ne peuvent alors se joindre étroitement à celles d'une femme.

De toutes ces causes qui affligent nos parties naturelles, nous n'examinerons presentement que celles qui peuvent produire des maladies que l'on peut guérir, & encore nous ne nous arrêterons qu'à ces seules maladies qui attaquent principalement la verge de l'homme & qui la rendent molette, sans en chercher d'autres qui peuvent avoir leur source de plus loin, me réfervant d'en parler lorfque je traiterai en général de l'impuiffance des hommes.

Une maladie aiguë détruit notre paffion. L'amour eft languiffant quand nous fouffrons, & nous ne fçaurions nous lier amoureufement à une femme, fi notre chaleur naturelle & nos efprits ne fe font multipliés en nous-mêmes & qu'ils ne foient communiqués à nos parties naturelles.

Une vie miférable éteindra fans doute notre feu, & il n'y a point d'homme qui fe trouve en état de fe divertir avec les Dames, fi fa table eft très-médiocre. Le travail exceffif nous rend fages fur cette matiére, & nous ne penfons qu'au repos quand nous fommes fatigués. D'ailleurs, fi notre efprit eft fortement occupé à quelques affaires, nos parties naturelles font alors comme engourdies, quand il faut s'apliquer à l'amour; témoins ceux qui gouvernent par eux-mêmes les Royaumes & les Républiques, qui font prefque toujours des enfans étourdis, comme fi l'efprit du pere étoit prefque tout
demeu-

demeuré, plûtôt dans les affaires d'Etat qu'il a ménagées, que dans les corps des enfans qu'il a engendrés.

Souvent nous nous sommes tant divertis avec les femmes, que nos parties naturelles sont devenuës si foibles & si languissantes, que même dans la fleur de notre âge, elles refusent de nous obéïr, quand nous leur commandons de se mouvoir.

Toutes ces foiblesses & ces maladies ne sont point sans reméde. Il ne faut qu'être jeune pour se remettre bien-tôt d'une maladie qui nous aura affoibli ; & si avec cela nous avons la belle saison, de bon vin & des alimens choisis, les forces que nous aurions presque toutes perduës renaîtront bien-tôt après, & ce que le jeûne auroit détruit, la bonne chére le rétablira aussi-tôt, & alors nous serons en état de nous servir de toutes nos parties.

Le repos est le reméde du travail : & les médicamens qui nous sont ennemis peuvent trouver leur antidote, comme firent les parties naturelles d'un Gentilhomme, qui étant devenuës flétries

tries par un onguent jaune, fait avec de l'argent vif dont il s'étoit frotté, furent bien-tôt après rétablies par *l'huile de lavande* qu'il y apliqua.

L'épuisement que l'on a souffert auprès des femmes se répare par la fuite & par l'éloignement; & jamais ce jeune Espagnol, dont *Christophe à Veiga* nous fait l'histoire, n'eût pris de nouveaux plaisirs avec sa femme s'il n'en eut usé de la sorte. Cette histoire est trop considérable sur cette matiére, pour ne pas la raporter ici toute entiére & pour ne la pas traduire en François. Je conseillai à un jeune Gentilhomme, dit ce Médecin, de s'absenter durant quinze jours de la ville où il demeuroit, de monter à cheval le seiziéme jour de son absence sur le soir & de faire deux ou trois lieuës de chemin, après quoi il viendroit chez lui souper avec sa femme, qui se découvriroit la gorge & qui se mettroit à table vis-à-vis de lui: or j'avois commandé, poursuit-il, qu'on lui aprêtât à souper un chapon rôti & un ragoût de mouton, boüilli avec de la roquette: le bon vin rouge, fu-

fumeux & astringent ne nous manquoit point, non plus que le vin doux pour le dessert. Trois heures après souper, je lui conseillai de se mettre au lit avec sa femme, qui lui échaufferoit les reins en se joignant de bien près & de dormir en cette posture : qu'à son réveil il s'entretint avec elle de discours amoureux & qu'il s'endormit ensuite, s'il pouvoit ; la petite pointe du jour étant venuë, qu'il careffât sa femme, & qu'il s'aquitât de son devoir en valeureux cavalier. Mon conseil, ajoûte-t-il, fut fort favorable à ce Gentilhomme, non pour une fois seulement, mais pour plusieurs ; & comme je ne voulois point alléguer cette histoire, sans avoir auparavant éprouvé la même chose en plusieurs personnes, j'ai expérimenté, dit-il, que cette façon *d'agir* est fort propre à rendre vigoureux ceux qui se sont épuisés auprès des femmes. Il faut donc conclure, après tout cela, que la molesse, des parties naturelles d'un homme, qui a pris quelquefois ses divertissemens avec trop de chaleur, n'est pas toujours incurable, comme la plûpart se le persuadent ; si cela étoit, le Gentilhomme du Duc d'*Albe*, dont *Houllier* nous fait l'histoire, n'auroit pas été guéri si promptement avec l'admiration de tous ceux qui l'accompagnoient ; & le reméde, que l'on apelle en Provence *Sembajeu*, ne feroit pas encore presentement des merveilles sur ceux qui ont les parties naturelles flétries, si nous en voulons croire *Valleriola*. Car il n'y a rien au monde de meilleur contre les foiblesses des parties naturelles que les *œufs*, le *sucre*, le *safran*, la *canelle* & le *vin*, dont ce breuvage est composé.

D'autres maladies attaquent encore le membre viril avec autant de force que les précédentes ; mais entre toutes celles qu'il souffre, il y en a de bénignes, qui se guérissent par les premiers remédes que l'on y aporte, & il s'en trouve de malignes, qui quelquefois ne cédent ni aux sueurs ni à la salivation, ni au fer ni au feu, & ce sont ces derniéres qui viennent d'un commerce infâme & qui affligent les hommes d'une maniére tout-à-fait surprenante.

Quel-

considéré dans l'état du Mariage.

Quelques hommes ont le prépuce si long, qu'ils ne sont pas disposés à ce joindre amoureusement à leurs femmes. La verge est importune en cet état & elle ne peut communiquer sa semence qu'elle ne soit éventée & que par ce moyen elle ne soit incapable de génération. Ceux qui ont ce défaut se salissent incessamment quand ils veulent uriner, témoin l'homme de 22 ans, dont *Fabrice de Hilden* nous fait l'histoire.

De peur que dans cette maladie il n'arrive une rétention d'urine & une inflammation au col de la vessie, qui sont souvent deux maladies mortelles, il ne faut pas éviter à couper le prépuce. Il n'y a non plus de danger dans cette opération, qu'il y en eut à couper celui de cet homme dont nous venons de parler, qui se maria quelque-tems après qu'on lui eut coupé le prépuce, qui avoit six pouces de long. Nos Chirurgiens Grecs apellent cette maladie, *Pimocis*, qui rend quelquefois la verge tortuë, quand le prépuce ne pouvant être retroussé, est attaché au gland, comme me nous l'avons remarqué ci-dessus.

Il y a une autre maladie, qui est toute oposée à celle-ci. Les mêmes Chirurgiens la nomment *Papapimocis*, lorsque le prépuce étant retroussé, presse tellement la racine du gland, qu'il ne peut être remis dans sa place, quoiqu'on le tire ou qu'on le presse fortement avec les doigts. Cette incommodité vient de plusieurs causes différentes.

Quelquefois en voyageant pendant la rigueur de l'hiver, le gland & le dessous du prépuce touchent rudement un linge ou un drap, & alors ils s'enflent l'un & l'autre. Le prépuce se retrousse, & ne peut être remis, quelque violence que l'on y fasse; si bien que dans cette occasion il arrive assez souvent un étranglement de verge, ce qu'un homme sçavant, dont la dévotion lui a fait prendre une robe de pénitence, éprouva l'année derniére avec un danger évident de perdre la vie.

Je ne sçaurois dire combien le froid cause de maux à la verge de l'homme; si dans le Septentrion on n'avoit soin de la conserver par des fourrures, contre

considéré dans l'état du Mariage. 79

tre la rigueur du climat, les hommes de ces contrées finiroient bien-tôt par cette partie, au lieu de s'en multiplier. Le froid la fait souvent devenir dure comme une pierre; & elle demeureroit long-tems en cet état, si l'expérience ne nous avoit apris que le feu la faisoit ramolir & en diminuer la douleur, ainsi qu'il arriva à *Georges* de Transilvanie, au raport de *Smece*.

Les jeunes gens qui ne sont pas accoutumés aux violens exercices de l'amour, sont quelquefois affligés du renversement du prépuce, qu'un peu d'eau fraîche & d'abstinence guérissent tout aussi-tôt, témoin le jeune homme de vingt-quatre ans que *Fabrice de Hilden* guérit de la sorte.

Mais si la prison & l'étranglement du gland ont des causes malignes, & si elles ont été produites par une conjonction infâme, il ne faut pas espérer une guérison si prompte ni si heureuse; car la verge, qui est naturellement poreuse, étant enflée de sang & animée d'esprits, souffre aisément une impression pernicieuse que fait une Courtisane

sane corrompuë, & elle est souvent affligée de maladies malignes.

Il me reste encore à parler d'une maladie qui arrive quelquefois dans le conduit commun de l'urine & de la semence, lorsqu'après un ulcére virulent, il s'y engendre une caroncule & une chair molette & baveuse. Bien que cette incommodité soit fort difficile à guérir, cependant je n'ai pas jugé à propos de la placer entre celle qui rendent un homme impuissant, puisqu'elle ne paroît pas incurable. Car si *Charles IX.* donna deux mille écus à un Gentilhomme Italien pour lui avoir communiqué un reméde contre ce mal, on doit croire que cette maladie peut être guérie, puisque ce bon Prince récompensa si magnifiquement celui qui lui en avoit donné le moyen.

Afin de ne passer rien sous silence qui puisse en quelque façon plaire au lecteur, j'ai bien voulu mettre ici ce reméde pour s'en servir dans l'occasion. On prendra *trois onces de céruse, 1 d. de camphre, & autant d'antimoine cru, demie once*

considéré dans l'état du Mariage. 81

once de tutie, préparée avec de l'eau de rose, 6 dragmes de litarge d'or lavée, 2 dragmes de blanc rhasis sans opium, 2 scrupules de mastic, autant d'encens, autant de cendres de Savonier, & autant d'aloës, avec une suffisante quantité d'huile rosat pour faire l'onguent un peu épais. Mais avant que de le faire, on préparera & on pulvérisera à part toutes les choses que l'on doit pulvériser, & on les passera par le tamis, pour être plus disposés à entrer dans la composition du reméde. Après cela l'on en embarrassera le bout d'une bougie, dont on se servira au besoin.

Ce reméde est beaucoup plus souverain & plus assuré, que celui que l'on employa pour un Gentilhomme Parisien qui étoit incommodé d'une pareille maladie; on ne lui eut pas plûtôt jetté dans la verge un reméde âpre, qu'une inflammation & une rétention d'urine y survinrent, si bien qu'il ne vécut guéres après tous ces maux, comme nous le fait remarquer *Fabrice de Hilden*, qui nous enseigne qu'il ne faut presque point de remédes âpres

pour

pour guérir les maux de la verge.

Il naît quelquefois des véruës & des excrescences de chair sur le gland, qui viennent après des ulcéres mal guéris & qui empêchent la conjonction.

Pour guérir ces maladies, nous sommes souvent obligés de couper ces porreaux & de les faire ensuite cicatriser avec de la poudre de la pierre que l'on nomme *Calcite*. Quelques-uns y apliquent le feu ; ce que je ne voudrois faire que fort legérement sur la peau de cette partie ; parce que le membre viril étant de lui-même tout nerf, j'apréhenderois qu'il n'arrivât au patient, ce qui arriva il n'y a pas long-tems à M. *Brancacci*, Grand Prieur de Malthe, qui s'étant fait apliquer un fer rouge au gros doigt du pied, qui est une autre partie du corps extrêmement nerveuse, mourut bien-tôt après, par la douleur, par la fiévre & par la gangréne.

On a quelquefois bien de la peine à arrêter le sang des veines & des artéres que l'on a coupées, dans les opérations que l'on a faites sur la verge d'un homme ; & *Fabrice de Hilden* nous fait remar-

considéré dans l'état du Mariage. 83

remarquer, qu'un Chirurgien ayant coupé une excrescence sur le gland d'un homme de 40 ans, cet homme perdit tant de sang pendant que le Chirurgien faisoit chauffer un fer, que trois jours après il en mourut.

J'aimerois donc beaucoup mieux user du reméde dont j'ai parlé ci-dessus, ou d'une forte décoction d'une tête de mort & de vitriol, qui arréte comme par miracle le sang des veines & des artéres coupées, que de me servir du feu, par les raisons que j'ai alléguées ci-dessus. Ce fut sans doute le present que fit le Roi d'Angleterre, il y a quelques années, à M. le Duc d'*Estrées*, Vice-Amiral de France, lorsqu'il étoit aux côtes de ce premier Royaume, afin que s'il arrivoit dans l'armée navale, dont il avoit la conduite, quelques grandes pertes de sang, on pût les arrêter tout-d'un-coup par le moyen de ce reméde.

ARTICLE II.

Des maladies qui arrivent aux parties naturelles de la femme & qui peuvent être guéries.

Les parties naturelles des femmes ont des défauts, aussi-bien que celles des hommes ; il s'en trouve d'incurables, qui seront marquées au Chapitre de la stérilité des hommes ; & il y en a d'autres que l'on peut corriger & que je vais examiner.

Les filles sont trop larges, trop étroites, ou quelquefois presque toutes fermées ; il y en a qui ont les lévres de leurs parties trop longues & trop pendantes, & qui ont encore d'autres défauts qui les empêchent de se joindre amoureusement à un homme.

La nature, qui est admirable dans tout ce qu'elle fait, a composé de membranes charnuës le conduit de la pudeur des femmes, afin que ces parties s'élargissent comme il faut dans l'accouchecouchement; elles puissent ensuite se rétrecir pour empêcher les incommodités qui en pourroient arriver si elles demeuroient toujours ouvertes. Quelquefois dans de fausses & de fâcheuses couches, elles ne se resserrent plus comme auparavant, après s'être extrêmement élargies, si bien qu'elles demeurent tellement lâches & ouvertes, qu'elles sont importunes aux femmes & désagréables à leurs maris.

C'est ce conduit que l'on trouve trop large dans quelques filles, qui sont d'une taille avantageuse & d'une constitution sanguine, & qui avec cela ont la poitrine quarrée, les flancs larges & la voix forte. Un homme qui aura la verge petite ou médiocre & qui sera marié à une telle fille, ne pourra avoir aucun soupçon contre sa vertu, puisqu'à l'égard de son mari son défaut est naturel.

La médecine, qui trouve des remèdes presque pour toutes sortes de maladies, n'en marque pas pour celle-ci. Elle en fournit à une honnête fille qui va se marier, afin d'ôter le soupçon que pourroit avoir son mari de quelques
H 2 pré-

prétendus désordres de sa vie. Elle en communique encore à une femme qui a fait depuis peu de pénibles couches, pour n'être pas dans la suite du tems désagréable à son mari, pour conserver dans son mariage la paix & la tranquillité, & pour avoir un second enfant, qu'elle n'auroit point, si elle demeuroit dans l'état où elle se trouve maintenant.

 Ces sujets étans raisonnables, l'on doit trouver bon que l'on use de nos remédes par un si juste motif. Je ne prétens point ici être l'auteur de l'abus que l'on en peut faire. Mon dessein n'est pas de favoriser le crime, mais de guérir les maladies qui affligent les femmes & d'entretenir une amoureuse complaisance parmi des personnes mariées. Autrement nous serions réduits à retrancher de nos livres & de notre pratique, l'*antimoine*, le *sublimé*, le *réagal*, & les autres poisons, dont nous nous servons tous les jours si heureusement pour la guérison des maladies. Il me semble qu'il suffit de faire son devoir en guérissant les maladies

considéré dans l'état du Mariage. 87

qui se presentent, sans se mettre beaucoup en peine des mauvaises inclinations de quelques personnes qui abusent de ce qu'il y a de meilleur au monde.

Les femmes des régions chaudes préviennent le défaut que nous avons marqué, en se lavant les parties naturelles avec de l'*eau de myrre* distilée, qu'elles aromatisent avec un peu d'*essence de girofle*, ou avec quelques gouttes d'*esprit de vin ambré*, ou avec des décoctions astringentes. Mais la décoction de *grande consoude* est encore meilleure que tout cela, si nous en croyons la femme dont parle *Sennert*, qui s'étant mise dans un bain, que sa servante avoit préparé pour soi-même, fut fort fatiguée la nuit suivante par son mari, parce qu'elle se trouva presque toute fermée. Cette expérience n'est pas seule ; *Benivénius* nous fait une semblable histoire sur ce sujet ; & nous en produirions quelques autres si l'on pouvoit douter de cette vérité.

On ne doit pourtant se laver de ces sortes de remédes que pendant 7 ou 8

H 3   jours

jours de suite, afin que les parties naturelles ne deviennent pas trop étroites ; mais parce que souvent elles s'élargissent beaucoup après les régles, on pourra cinq jours après qu'elles auront entiérement cessé, s'en humecter encore pendant huit autres jours.

On doit avoir d'autres précautions pour les femmes qui sont depuis peu accouchées ; car les vuidanges de l'acouchement doivent couler pendant un mois, tout au moins, après quoi on peut se laver avec les eaux que nous avons proposées ; mais avec une telle prudence, que les femmes ne deviennent pas si étroites, qu'elles puissent donner de la peine à leurs maris, quand la passion les obligera à éteindre leurs flâmes. Car ces remédes agissent quelquefois avec tant de force, qu'il s'est trouvé des femmes, si nous en croyons *Benivenius*, qui par l'imprudence de leurs Matrônes s'étoient lavées si souvent de ces sortes d'eaux, qu'elles s'étoient ensuite repenties d'avoir suivi les avis qu'on leur avoit donnés.

J'ai

considéré dans l'état du Mariage. 89

J'ai fait remarquer au Chapitre précédent quelle peine on avoit à dépuceler une jeune femme étroite, quelles douleurs on ressentoit à la verge, & quelles enflures il y survenoit. La femme qui n'est guéres ouverte, n'a pas moins de douleur de son côté, lorsqu'elle se joint à un homme qui a le membre assez gros ou qui l'a même médiocre. Toutes les parties délicates du conduit de la pudeur en sont déchirées ; & si l'on y prend garde avec beaucoup d'exactitude, il s'y engendre des ulcéres qui ne donnent pas peu de peine à guérir. Si la femme de qualité, que je guéris il y a quelques jours, avoit caché son mal plus long-tems, sans doute qu'elle n'auroit pas été si-tôt soulagée par ce reméde que je lui proposai. Il étoit fait de parties égales de *litarge d'or* pulvérisée, de *céruse* & de *corne de cerf brûlée*, avec autant qu'il falloit de *mucilage de semence de coin, extrait avec de l'eau de plantain*. Après s'être ointe de cet onguent, & s'être ensuite lavée de tems en tems avec de *l'eau rose*, elle se trouva entiérement guérie.

L'avis

L'avis que je donne ici aux filles qui sont incommodées de tumeurs de rate & vapeurs, & qui sont encore extrêmement pâles, ne doit pas être méprisé. Elles doivent se souvenir de n'user pas souvent d'un reméde fort commun, qui contribuë beaucoup à la guérison de toutes ces maladies. Car bien que la *limaille de fer* ou d'*acier* ait des qualités apéritives, elle en a aussi d'astringentes, qui resserrent tellement les filles qui s'en servent long-tems, qu'ensuite elles souffrent beaucoup les premiéres semaines de leur mariage, & sans doute que pressées par la douleur, elles abandonneroient alors leur mari, si la bienséance & l'amour conjugal ne les en empêchoient. La fille d'un Chaudronnier que je vis il y a deux ans, n'auroit pas gardé toutes ces mesures avec son mari, si je n'avois donné ordre d'élargir ses parties naturelles par des décoctions de *pieds de mouton*, de *cornes de cerf*, de *moële de bœuf*, de *racines de guimauves*, de *semence de lin*, d'*herbe aux puces* boüillie dans de l'eau.

Le

Le canal de la pudeur se trouve quelquefois presque tout fermé par les caroncules, liées les unes aux autres par une membrane délicate, ou par une qui est quelquefois bien forte à déchirer. Dans cette premiére occasion un homme se fait hardiment passage, quand il aime avec ardeur. Les petites membranes se déchirent aisément, & par une petite perte de sang, elles donnent des marques d'une virginité perduë.

C'est alors que l'on montre de la fenêtre des mariés à ceux qui passent, les linges tachés de sang, selon la coûtume de quelques villes d'Espagne, où les Espagnols disent aujourd'hui en leur langage, *Virgen la tenemos*. On en fait presque de même aux Royaumes de Fez & de Maroc; car après que le marié est entré dans sa chambre avec sa femme, & qu'il y a badiné la premiére nuit de ses nôces, il y a une vieille femme qui attend à la porte pour recevoir de la mariée le linge sanglant, qui est la marque de sa virginité ravie, puis la vieille va le montrer aux parens qui

son

sont encore à table, & elle crie à haute voix : *Elle étoit pucelle jusqu'à aujourd'hui.* Que s'il ne se trouve point de linge teint de sang, on renvoye la mariée chez ses parens avec deshonneur.

Mais si les membranes qui joint les caroncules est forte, dure & presque cartilagineuse, on a beau pousser, rien ne s'ouvre, & l'on se perdroit plûtôt que de forcer une barriére qui est défenduë avec tant d'opiniâtreté. Il n'y a point d'autre meilleur reméde dans cette occasion, que de prendre un bistouri courbé, & de couper la membrane qui défend avec tant de résistance les avenuës du palais de l'amour : c'est ce que *Paré* dit avoir fait dans une fille de 17. ans, qui fut ensuite en état de se marier & d'avoir des enfans.

Souvent les caroncules jointes, qu'on nomme *hymen*, sont percées pour donner passage aux humeurs qui sortent de la matrice & qui y entrent aussi quelquefois ; & il ne faut pas s'étonner s'il y a eu des femmes qui ont conçû, ne pouvant même souffrir d'homme ; comme il arriva à *Cornélia* mere de

Gras

Graques, & comme il arrive encore tous les jours à plusieurs femmes de l'Amérique Méridionale, qui conçoivent sans être ouvertes ; mais aussi qui meurent souvent en mettant un homme au monde.

Ambroise Paré nous raporte une histoire sur ce sujet, qui mérite d'être racontée tout au long. Un Orfévre, dit-il, qui demeuroit à Paris sur le Pont-au-Change, épousa une jeune fille ; & parce que l'amour est pour l'ordinaire violent dans les premiéres aproches, ils se preflérent si fort l'un l'autre, qu'ils commencérent tous deux de se plaindre ; l'un, de ce que sa femme n'étoit point ouverte, & l'autre de ce que dans les careffes de son mari, elle souffroit une douleur incroyable. Ils communiquérent leurs désordres à leurs parens, qui agissant en cela avec prudence, firent apeller dans la chambre des mariés *Jérôme de la Nouë*, & le sçavant *Simon Pierre*, Docteurs en Médecine, avec *Loüis Hubert* & *François de la Leurie*, Chirurgiens. Tous d'une commune voix tombérent d'accord qu'il y avoit

avoit une membrane au milieu du conduit de la pudeur ; & ils en furent d'autant plus persuadés, qu'ils la trouvérent dure & calleuse avec un petit trou au milieu, par lequel les régles avoient accoûtumé de couler, & par lequel auſſi étoit entrée la matiére, qui avoit donné lieu à la groſſeur de cette femme ; car ſix mois après qu'elle eut été coupée elle fit un bel enfant à ſon mari, qui ſe réconcilia enſuite avec elle.

Mais quand cette membrane n'eſt point trouée, & que les régles ſont ſur le point de paroître dans les jeunes perſonnes, je ne ſçaurois dire quels accidens funeſtes elles ne cauſent point. On s'aperçoit tous les mois de quelque dégorgement d'humeurs, ou de quelque extrême douleur de ventre : les filles qui en ſont incommodées ſouffrent de grandes défaillances, des vertiges & des épilepſies extraordinaires ; le ſang ſort même périodiquement par les oreilles, par les yeux, ou par le nez, ainſi qu'il faiſoit à une jeune Demoiſelle de 16 ans, qui aima mieux vivre avec langueur, que de ſe faire couper une membrane ferme

considéré dans l'état du Mariage. 95
me & presque solide, qui empêchoit l'épanchement de ses régles, & qui par ce moyen la rendoit incapable de la société d'un homme. La fille de 21 an, dont *Jean Wier* nous raporte l'histoire, fut bien plus sage que cette autre ; car celle-ci ayant été estimée grosse par toutes ses voisines, ce Médecin justifia hautement son innocence, après lui avoir coupé une membrane dure qui s'oposoit à la sortie de ses régles, si bien qu'après cela elle en reçut le soulagement qu'elle en pouvoit espérer & la réputation qu'elle avoit perduë.

Pour empêcher la honte du divorce, ou le hazard de mourir par la pudeur, qui accompagne ordinairement le beau sexe, il faudroit que les peres fissent examiner toutes leurs filles à l'âge de 9 ans, afin de remédier d'abord à toutes les difficultés qui s'oposent à l'épanchement des régles & aux caresses des hommes. Ce seroit un moyen assûré d'éviter les accidens qui en peuvent arriver ; & parce que la pudeur des filles n'est pas en cet âge-là dans son plus haut degré, il seroit aisé de les guérir,

Tome I. I au

au lieu de les abandonner à une mort certaine, à une éternelle solitude, ou à une infirmité déplorable.

Les excrefcences qui viennent au canal de la pudeur par une conjonction infâme, peuvent être guéries ; mais avec quelque difficulté. On commence dans ces fortes de maladies la guérifon par les remédes, que nous apellons généraux ; on la continuë par les fueurs & la falivation, & on l'achéve en coupant & en brûlant la chair baveufe qui embarraffe le conduit de la pudeur.

Les femmes ne peuvent encore fouffrir leurs maris, fi leurs parties naturelles font ulcérées & garnies de fentes, fi les hémorroïdes de la matrice & du fiége les incommodent, & fi une tumeur ou une pierre preffe fortement le col de la veffie & le conduit de la pudeur, comme il arriva à *Diferis*, dont *Hypocrate* nous raporte l'hiftoire, qui pendant fa jeuneffe ne pouvoit fouffrir la compagnie d'un homme.

Les remédes qui font propres à combattre toutes ces maladies font fort aifez à trouver ; & fans m'y arrêter à deffein sein, on doit seulement se ressouvenir que les ulcéres & les fentes de la matrice n'en demandent pas d'âpres, mais de doux & de bénins.

Les lévres & les nimphes des parties naturelles des femmes, deviennent quelquefois si longues & si pendantes, qu'il est impossible alors qu'un homme en puisse raprocher. Ces sortes d'accidens arrivent souvent aux filles Africaines, si l'on en croit *Léon d'Afrique*, qui nous raporte que ces incommodités sont si communes dans les régions du Midi, qu'il y a des hommes qui allant par les ruës des villes de ces contrées-là, crient à haute voix : *Qu'est-ce qui veut être coupée ?* de même qu'en ce païs-ci, il y a des hommes qui font connoître par leur sifflet l'habitude qu'ils ont à couper les chevaux, à bistourner les veaux & à travailler enfin sur les parties génitales des autres animaux.

La honte qu'ont quelquefois nos femmes Françoises, lorsque ces replis de la peau de leurs parties naturelles sont excessifs en longueur, les empêche de s'exposer à un Chirurgien pour se les faire couper, comme font les vierges Egyptiennes avant de se marier. Ces nimphes allongées sont si véritables, que dans l'Empire du *Prêtre Jean*, où l'on circoncit les femmes aussi-bien que les hommes, l'on en fait une cérémonie.

Bien que le conduit de la pudeur soit naturellement un peu tortu, comme je l'ai dit, il ne laisse pas d'être disposé à recevoir la verge d'un homme ; & c'est par cette figure, qu'il la presse agréablement & qu'il lui donne tant de chatouillemens dans la copulation. Cependant s'il est excessivement tortu, ou par l'abstinence de la compagnie d'un homme, ou par les agitations continuelles qu'il souffre dans les suffocations, ou enfin par quelque autre cause que ce soit, il n'est point alors en état de souffrir un homme. La femme y ressent trop de douleur quand on la presse, & elle a même de la répugnance pour ce qui plaît à toutes les autres.

Cette maladie n'est pas toujours incurable ; & les femmes que nous pensons bien souvent ne pouvoir être guéries,

considéré dans l'état du Mariage. 99
ries, ne font intraitables que par leur pudeur ou par notre ignorance. Tous les Médecins de France ne purent autrefois guérir une des plus grandes Princesses de ce monde, qui étoit incommodée de ce défaut : il n'y eut que *Fernel* qui assura le Roi, des plus glorieux de son tems, de la guérison de la Reine. Après avoir donc connu exactement la cause de sa stérilité, il pria le Roi de coucher avec elle, lorsque le conduit de la pudeur seroit humecté & élargi par les régles qui seroient sur le point de cesser. Ce qui réussit si-bien, qu'après dix ans de stérilité, la Reine donna à cet invincible Monarque cinq ou six enfans, qui valurent dix mille écus chacun à ce sçavant Médecin.

AVIS.

Après avoir examiné les parties de la génération de l'un & de l'autre sexe, en avoir découvert les maladies & indiqué les remédes, il est tems, ce me semble, d'en montrer les actions & les effets ; & avant que d'éplucher les merveilles de la Génération, il me semble encore que je dois dire quelque chose de la Virginité, & des marques que l'on doit avoir pour la connoître ; ce que je vais faire dans la Partie suivante.

TABLEAU

TABLEAU DE L'AMOUR CONJUGAL.

SECONDE PARTIE.

CHAPITRE PREMIER.

Des actions, effets & merveilles de la Génération, & des marques de la Virginité.

ARTICLE I.

Eloge de la Virginité.

E ne suis pas du sentiment de ces Hérétiques, qui préféroient le mariage à la virginité, & qui comparoient le premier à un arbre tout chargé de fruits,

que

que le Jardinier veut conserver, & le second à un autre arbre stérile, comme étoit le figuier de l'Ecriture, qui fut maudit & jetté ensuite au feu, comme indigne d'occuper une place sur la terre & comme l'objet de l'indignation de son Maître.

Entre tous les états de la vie, la virginité peut être contée la premiére. La difficulté qu'on a de résister à la nature, est assurément l'une des choses, qui la rend plus recommandable dans le monde, où elle est *l'ornement des mœurs, la sainteté des sexes, le lien de la pudeur, la paix des familles, & la source des plus saintes amitiés.*

C'est une belle fleur, *conservée chérement dans un jardin muré de toutes parts. Elle est inconnuë aux bêtes, & il n'y a point de fer qui l'ait blessée en la cultivant: un air favorable l'évente, une chaleur tempérée la conserve, & une douce pluye l'arrose & la fait croître. Tous les jeunes gens la desirent avec passion; mais il ne l'a pas plutôt cueillie qu'ils la méprisent.*

C'est de cette façon que je puis dire, avec *Catulle*, qu'*une fille est chérie de tous ses*

considéré dans l'état du Mariage. 103
ses amis, quand elle garde la fleur de sa virginité; mais elle ne l'a pas plutôt laissé prendre, qu'il ne se trouve pas même des enfans qui la regardent, ni des filles qui la reçoivent dans leur société.

Ce ne sont pas seulement les Chrétiens qui ont eu la virginité en vénération; les Payens & les Barbares mêmes ont eu pour elle une estime toute particuliére.

Les Romains autrefois lui firent bâtir un temple & élever une statuë, qu'ils apelloient *Bucca Veritatis*. Cette statuë décidoit de la virginité ou de l'infamie des filles. Témoin la fille du Roi de la *Volaterre*, qui après lui avoir mis le doigt dans la bouche n'en fut point morduë, & ainsi se justifia de l'injure qu'une vieille femme avoit fait à sa pudicité. Il n'en arriva pas de même, à ce qu'on dit, à l'égard d'un autre, qui étant accusée du même crime, eut le doigt emporté par la bouche de la statuë.

On sçait encore quelle vénération ont eu ces mêmes peuples pour les *Vierges Vestales*, & le fameux Edit que l'Empereur *Tibére* fit publier. La fille de *Séjan*,
qui

qui n'avoit pas encore atteint l'âge de puberté, fut déflorée par le Bourreau avant d'être étranglée, pour ne pas faire deshonneur à la virginité.

Les Poëtes nous ont auſſi marqué quelle eſtime ils en faiſoient : & leur fable nous aprend que *Daphné*, changée en laurier, ne peut aujourd'hui ſouffrir le feu ſans ſe plaindre, comme autrefois elle ne pouvoit ſouffrir le feu impudique de la concupiſcence.

Les Théologiens & les Médecins conſidérent la virginité d'une maniére toute différente. Les premiers diſent, qu'elle eſt une vertu de l'ame qui n'a rien de commun avec le corps. Qu'on a beau baiſer amoureuſement une fille, elle ne perd pas pour cela ſa virginité, à moins qu'elle n'y conſente.

Les Médecins, au contraire, penſent que la virginité eſt un lien & un aſſemblage naturel des parties d'une fille qui n'a pas été corrompuë par l'aproche d'un homme.

Mais quoiqu'il en ſoit, nous n'examinerons ici que cette virginité matérielle, pour parler ainſi, afin que ceux qui

qui sont assis sur les fleur-de-lis, & qui ont la gloire de juger des différens des hommes, en soient pleinement instruits. Ils doivent sçavoir si l'on accuse injustement une fille d'avoir été violée, si une femme se plaint à tort d'être mariée à un homme impuissant, & enfin si l'innocence d'un homme est véritable, qui veut se justifier de l'infamie ou de la lâcheté qu'on lui impute.

ARTICLE II.

Des signes de la Virginité presente.

LEs Matrônes, que l'usage a renduës arbitres de la virginité des filles & de la chasteté des femmes, ont des lumiéres trop foibles sur cette matiére, pour être les seules personnes en qui on puisse se fier pour en décider. On doit être éclairé dans l'Anatomie plus qu'elles ne le sont, pour faire des raports aussi justes & aussi véritables, que ceux qui sont la cause du crédit & de la réputation des Juges, de l'honneur

neur des filles & des femmes, de la justification d'un mari & du repos de la société humaine.

Il faut donc examiner soigneusement toutes les marques de la virginité, afin de conserver l'honneur aux filles à qui on veut le ravir, & de donner de la confusion aux autres qui veulent le conserver sans justice.

Je ne m'arrêterai point ici à toutes les marques extérieures dont se servoient les anciens pour connoître la virginité. *L'Oracle du Dieu Pan, l'insensibilité pour le feu, les eaux améres des Hébreux, la fumée de quelques plantes ou de quelques pierres, ou enfin la mesure du col d'une fille*, sont des signes trop incertains, du moins dans le siécle où nous sommes, pour former là-dessus de véritables jugemens. *La dureté de la gorge, la couleur des mammelons, & le rouge que la pudeur fait paroître sur le visage des filles*, ne sont pas des signes plus assurés que les précédens.

La virginité est plus difficile à connoître qu'on ne croit, il faut bien d'autres artifices que ceux-là pour être véritableritablement persuadé de la pudicité d'une fille. Quand nous aurions autant de soin à les chercher chacun en particulier, qu'en a encore presentement le Grand Duc de Moscovie pour choisir une femme vierge, je crois que nous aurions bien de la peine à y réussir. *Car le poil frisé & recoquillé des parties amoureuses, le conduit de la pudeur fort humide & fort ouvert, des nimphes flétries & décolorées, l'absence de l'hymen, l'orifice interne de la matrice fort élargi & décolé, le changement de la voix*, tout cela n'est point une marque évidente de la prostitution d'une fille.

Celles qui montent à cheval à l'Italienne, qui commencent à avoir leurs régles, ou qui les ont actuellement; celles qu'une maladie afflige il y a déja long-tems; & celles enfin qui n'ont point naturellement d'hymen ni de membranes, qui lient les caroncules de leurs parties les unes aux autres, ne sont pas moins chastes ni moins pudiques, pour avoir des marques contraires à celles dont on se sert le plus souvent pour connoître la virginité des filles

filles. La servante, dont *Aquapendens* nous fait l'histoire, qui n'avoit pû être déflorée par tous ses Ecoliers, & une autre jeune femme d'un Orfèvre de Paris, dont parle *Paré*, qui devint grosse sans que l'hymen fut déchiré, n'étoient pas plus vierges l'une que l'autre, quoiqu'elles eussent des marques de virginité.

Il est donc vrai, ainsi que nous l'assurent *Riolan* & *Pinay*, qu'il n'y a rien dans toute la médecine de plus difficile à connoître que la virginité, & que même, selon la pensée de *Cujas*, il est presque impossible d'en avoir des marques assurées. Il n'est point d'industrie ni de remédes que les filles n'inventent pour dissimuler la perte qu'elles en ont une fois faite : &, *s'il est impossible*, selon le sentiment d'un grand Roi, *de connoître dans la mer le chemin d'un vaisseau, dans l'air celui d'un aigle, sur un rocher celui d'un serpent, il sera aussi impossible de découvrir le chemin que fait un homme quand il presse amoureusement une fille.*

Si *Esope* avoit de la peine à répondre de la virginité d'une fille qu'il avoit inces-

incessamment devant les yeux, aurions-nous plus de certitude de l'assurer dans une autre que nous ne verrions que fort rarement?

Le meilleur expédient pour conserver la pudicité des filles, selon la distinction qu'en font les Médecins, & pour en être bien assuré, ce seroit de coudre leurs parties naturelles, dès qu'elles sont nées, ainsi que *Pierre Bembo* dit qu'on fait aux vierges Africaines. Mais parce que cette coutume n'est pas usitée en France; il faut que l'éducation, la sagesse & la pudeur s'opposent à la passion amoureuse des filles, que la nature, la santé & la jeunesse leur font naître à tous momens, & qu'avec cela elles conservent encore leur virginité par un don du Ciel, que Dieu ne donne qu'à celles qui lui plaisent.

ARTICLE III.

Des signes de la Virginité absente.

L'Oracle que *Phéron*, Roi des Egyptiens, interrogea sur son aveuglement, lui répondit, que *pour être guéri, il devoit se laver les yeux avec de l'urine d'une vierge, ou d'une femme qui se contentât des caresses de son mari.*

Ce reméde ne se trouva pas chez lui ; & si la fille d'un Jardinier ne le lui eût donné, je crois qu'il eut attendu longtems avant que de recevoir la vûë, la virginité & la chasteté étant alors quelque chose de fort rare.

Quoique nous ayons dit à l'article précédent, qu'il n'y avoit rien de si difficile à connoître que la virginité presente, il y a cependant quelques Médecins qui se persuadent qu'il y a des signes & des conjectures qui nous peuvent faire découvrir l'absence de la virginité. Car si la défloration vient d'être commise, si l'homme qui en est l'aul'auteur est bien fourni de ses parties, & enfin si la fille est naturellement étroite, il n'y a rien, à ce qu'ils disent, de plus aisé à connoître que la perte de sa virginité.

Les lévres & les nimphes de ses parties naturelles, toutes rouges de sang & toutes enflées de douleur, sont des témoins irréprochables de son impudicité. Il n'y a plus de liaison dans ses parties amoureuses ; & à la voir marcher, elle porte le pied d'une certaine façon, qu'à moins qu'elle ne s'observe exactement, on s'apercevra toujours qu'elle s'est mal conduite.

Mais si l'on attend quelque-tems à chercher des marques de sa défloration, tout est réuni, & tout semble naturel chez elle. On ne connoîtra rien dans ses parties qui puisse la faire soupçonner d'avoir pris des plaisirs illicites. La nature, d'un côté, travaille incessamment à rétablir les parties divisées ou élargies ; & l'on n'avoit jamais soupçonné de lasciveté la fille des *Topinambous*, que *Riolan* trouva si étroite en la disséquant. L'artifice, d'un autre côté, éteint tellement ces parties, qu'il n'y a qu'un artifice qui en découvre la fourberie.

Mais il est incomparablement plus difficile d'asséoir un jugement assuré d'une grosse & grande fille de 25. ans, qui a passé quelques nuits entre les bras d'un homme assez mal fourni de ses piéces. Bien qu'ils se soient souvent baisés, cependant si on la visite le lendemain, on ne trouvera pas un grand changement dans ses parties naturelles, & il seroit même impossible de juger par-là de sa défloration. Pour peu d'effronterie qu'ait la fille, elle sera comme la femme dont parle *Salomon*, qui se lave la bouche après avoir mangé, & qui fait ensuite des sermens exécrables qu'elle n'a goûté de rien.

L'examen qu'on doit faire des hommes dans cette occasion, est quelque chose de fort considérable pour découvrir le violement d'une fille; car il s'en est trouvé de si impudentes, qu'elles ont accusé des hommes innocens. *Marie-Françoise Gismode* en usa de la sorte à Rome envers *Etienne Nocéti*, qui après avoir montré aux Juges ses

par-

considéré dans l'état du Mariage. 113

parties naturelles, pour se justifier de l'affront qu'on lui faisoit, fut absous par la Rote, & renvoyé avec dépens.

L'on croit que le sang qui s'épanche la première nuit des nôces, & que le lait qu'on trouve dans les mammelles d'une fille, sont des marques manifestes de la perte de sa virginité. C'est pourquoi *Moïse* commanda aux Juifs de garder soigneusement les linges qui avoient servi la première nuit aux mariés, afin de disculper un jour la femme à l'égard de son mari. Ce que l'on observe encore aujourd'hui dans les Royaumes de *Fez* & de *Maroc*, si nous en croyons les Historiens. Le lait ne peut couler du sein d'une fille, qu'elle n'ait auparavant conçu dans ses entrailles; & l'on ne doit pas apeller vierge, celle qui donne à teter à un enfant.

Mais l'on me permettra de dire, que le sang & le lait ne sont pas toujours des marques d'une fille prostituée; car une grande & grosse fille qu'on marie avec un petit homme, n'est pas moins pucelle pour ne répandre point de sang la première nuit de ses nôces; &

le

le sang qui coule des parties naturelles d'une autre fille, n'est pas non plus un signe de sa vertu, l'artifice faisant quelquefois paroître un sang étranger, qui auroit été auparavant mis dans une petite vessie de mouton, & renfermée ensuite adroitement dans le conduit de la pudeur.

Si le sang des régles cesse de couler à une fille, ce sang remontant aux mammelles se change en lait, selon le sentiment d'*Hypocrate* ; & la petite fille dont *Alexandre Benoît* nous fait l'histoire, qui fut stérile toute sa vie, donna des marques de sa prostitution depuis son enfance, si le lait est un signe assuré d'une mauvaise conduite. Mais ce qui est encore de plus remarquable sur ce sujet, c'est que le Sirien du même *Benoît* & le Soldat *Benzo* de *Cardan* avoient tous deux du lait, bien qu'ils fussent des hommes robustes.

Dans l'Orient d'Afrique, du côté de Mozambique & du Païs des Caffres, si nous en croyons les Historiens plusieurs hommes nourrissent leurs enfans du lait de leurs mammelles ; & pour prou-

considéré dans l'état du Mariage. 115

prouver ceci par un exemple familier, j'ai demeuré plus de quatre ans à Paris avec un honnête homme Médecin, qui s'apelloit *Roënette*. Il étoit fanguin de tempérament, & il étoit âgé d'environ 30 ou 35 ans. Quand il se pressoit la mammelle & le mammelon, il en faisoit sortir des cuillerées d'une humeur blanchâtre & laitée, qui eût pû sans doute nourrir un enfant, si elle eût été sucée.

Sur cela l'on n'a qu'à lire *Théophile Bonnet*, pag. 163 qui nous fournit plusieurs histoires d'hommes & de filles vierges qui ont eu du lait; mais sans aller si loin mandier des preuves de ce que je dis, une histoire fameuse arrivée en cette ville de la Rochelle, est seule capable de convaincre sur cela les plus opiniâtres.

L'an 1670. Madame la *Perére* fille de M. *Despérence*, Capitaine au Fort de la Pointe du Sable à S. Christophe, fut obligée de s'embarquer pour venir en France au mois d'Avril de la même année, afin d'éviter les désordres d'une guerre qui s'allumoit entre les François

çois & les Anglois de cette Isle. Elle emmena avec elle trois Négresses; l'une vieille, l'autre âgée de 30. ans, & la dernière de 16. ou de 18. qu'elle avoit élevée chez elle dès son bas âge. Cette Demoiselle qui avoit une petite fille de deux mois à la mammelle de sa nourrice, s'embarqua précipitamment avec son enfant croyant que sa nourrice s'étoit embarquée auparavant, selon qu'elle le lui avoit promis. Mais après avoir mis à la voile & n'ayant point trouvé sa nourrice, qui étoit volontairement demeurée à terre, elle fut obligée de nourrir son enfant avec du biscuit, du sucre & de l'eau, dont elle faisoit une soupe. Cet enfant ne se contentoit pas de cet aliment. Elle incommodoit pas ses cris tout l'équipage, principalement pendant la nuit. Pour cela, on conseilla à la mere de faire amuser son enfant au teton de la jeune Négresse son esclave; mais l'enfant ne l'eut pas plutot tetée pendant deux jours, qu'elle lui fit venir suffisamment du lait pour se nourrir.

Après deux mois de traversée, cette De-

Demoiselle arriva en cette ville avec son enfant grosse & grasse, & au mois de Mars suivant elle s'embarqua pour S. Christophe avec son enfant de 3. mois qui avoit toujours été nourri par le lait de la Négresse vierge.

Après tout ce que nous venons de dire, nous devons croire qu'il n'y a point de marque assurée de la virginité, ni du violement d'une fille. Que tous les signes dont nous avons parlé, sont presque toujours équivoques & incertains, à moins qu'on n'usât de conjectures évidentes, ainsi que font aujourd'hui les Jurisconsultes, qui remarquent tout, quand il est question de juger de l'impudicité d'une fille. Ils observent jusqu'à la rencontre des yeux, aux souris, aux rendez-vous, aux familiarités, aux collations, aux habits, aux visites particuliéres; en un mot, ils nous font remarquer ce que l'on peut connoître de plus secret entre deux amans. Mais après-tout, ils ne sçavent pas encore certainement la vérité.

Il n'y a onc rien, je le dirai encore
une

une fois, de si difficile à connoître que la virginité, puisque même une femme grosse, si nous en croyons *Severin Pinay*, peut en avoir toutes les marques. A moins qu'une fille n'ait été trouvée entre les bras d'un homme, & qu'on ne l'examine au même instant, il n'y a guéres de moyen de connoître sa défloration. Car si l'on attend quelques tems, tous les signes qui l'accuseroient alors, ne paroîtront plus ; & l'on n'oseroit, sans lui faire injustice, la taxer d'impudicité. Si bien que je conclus hardiment, que puisque la nature ou l'artifice peut cacher aux yeux des plus sçavans Médecins & des plus adroites Matrônes les marques de la virginité, on ne peut avec certitude connoître véritablement la défloration ou le violement d'une fille.

Quoique cela soit très-véritable, néanmoins les Réglemens de Paris ordonnent, que les Matrônes jurées de cette ville-là, fassent leur raport de violement par-devant le Prevôt de ladite Ville, qui doit le recevoir, pour rendre justice à qui il apartiendra.

Et

considéré dans l'état du Mariage. 119

Et afin qu'il ne manque rien à la curiosité de ceux qui liront ce Traité, j'ai bien voulu décrire ici un Raport de Matrônes, que l'on m'envoya de Paris il y a quelques années.

Nous, Marie Miran, Christophlette Reine, *&* Jeanne Port-poulet, *Matrônes jurées de la ville Paris, certifions à tous qu'il apartiendra, que le* 22. *jour d'Octobre de l'année présente, par l'Ordonnance de Monsieur le Prevôt de Paris, en date du* 15. *de cedit mois, nous nous sommes transportées dans la rüe de Dampierre, dans la maison qui est située à l'Occident, de celle où l'Ecu d'Argent pend pour Enseigne, une petite rüe entre deux, où nous avons vû & visité* Olive Tisserand, *âgée de trente ans, ou environ, sur la plainte par elle faite en Justice contre* Jacques Mudon, *Bourgeois de la ville de la Roche-sur-Mer, duquel elle a dit avoir été forcée & violée; & le tout vû & visitée au doigt & à l'œil, nous avons trouvé qu'elle a*,

Les Tetons dévoyés; c'est-à-dire, la gorge flétrie.

Tome I. L

Les Barres froissées, (l) c'est-à-dire, l'os pubis ou bertrand.

Le Lippion récoquillé; (m) c'est-à-dire, le poil.

L'entrepet ridé; (n) c'est-à-dire, le périnée.

Le Pouvant débifé, (o) c'est-à-dire, la nature de la femme qui peut tout.

Les Balunaus pendans; (a) c'est-à-dire, les lèvres.

Le Lippendis pelé; (p) c'est-à-dire, le bord des lèvres.

Les Baboles abattuës; (b) c'est-à-dire, les nimphes.

Les Halérons démis; (b) c'est-à-dire, les caroncules.

L'entechenat retourné, & la corde rompuë; (q) c'est-à-dire, les membranes qui lient les caroncules les unes aux autres.

Le Barbidau écorché; (e c'est-à-dire, le clitoris.

Le Guilboquet fendu; (d) c'est-à-dire, le col de la matrice.

Le Cuillenard élargi, (d) c'est-à dire, le conduit de la pudeur.

La Dame du milieu retirée; (c) c'est-à-dire, l'himen.

L'Ar-

considéré dans l'état du Mariage. 121

L'arriére-fosse ouverte ; c'est-à-dire, l'orifice interne de la matrice.

Le tout vû & visité feuillet par feuillet, nous avons trouvé, qu'il y avoit trace de... & ainsi, Nous, dites Matrônes, certifions être vrai à vous, Monsieur le Prevôt, au serment qu'avons fait à ladite ville. Fait à Paris le 25 d'Octobre 1672.

Si les Matrônes de France avoient soin d'assister aux anatomies des femmes que l'on fait publiquement aux Ecoles des Médecins, comme font celles d'Espagne, je suis assuré qu'elles ne donneroient pas des attestations fabriquées de la sorte. Car si je voulois prendre la peine d'en examiner les parties, je ferois voir que les signes dont elles se servent pour prouver le violement d'une fille, sont la plûpart très-faux ou très-legers, & qu'ainsi il ne faut jamais s'en fier à ces femmes, quand il est question de juger de l'honneur & de la virginité d'une fille.

Ce n'est pas seulement en Espagne que les Sages-Femmes sont instruites sur ce qu'elles doivent faire dans les

L 2   accou-

accouchemens; j'aprens de *Théophile Bonnet*, qu'en 1673. le Roi de Dannemark fit une Ordonnance, par laquelle il étoit enjoint aux Matrones d'assister aux dissections des femmes, que faisoit le Sieur *Stenon*, Docteur en Médecine de Coppenhague, afin de s'instruire de leur profession. Et *Bartholen* le jeune nous assûre aussi que le même Roi avoit ordonné, que des Députés de la Faculté de Médecine de la même Ville, interrogeroient les Sages-Femmes avant que de les admettre à l'exercice de leur profession.

La Sage-Femme de *Rachel*, dont parle *Moyse* avec éloge; *Sotyra* & *Salpé*, que *Pline* loüent tant, étoient sans doute mieux instruites dans leur métier que celles là, puisqu'elles se sont attiré des loüanges de ces deux grands hommes. Elles ne les auroient pas sans doute méritées, si elles eussent été aussi ignorantes que celles qui certifiérent qu'une femme n'étoit pas grosse, parce qu'elle étoit réglée, & qui furent la cause, par leur ignorance, qu'elle fut penduë à Paris en 1666. avec son enfant de qua-

quatre mois qu'elle avoit dans les entrailles.

Parce que nous avons dit ci-dessus, que l'artifice découvroit les ruses dont les filles usoient pour paroître vierges, lorsqu'elles ne l'étoient pas, il me semble que pour ne laisser rien échaper qui puisse servir à la curiosité du lecteur, nous devons examiner ici les moyens dont on peut découvrir la virginité fardée. Car souvent les filles font parade d'une vertu qu'elles n'ont pas, & se persuadent même qu'il est impossible de connoître ce qu'elles ont perdu en secret. Pour les détromper dans cette occasion, on fera un demi bain de décoction de feuilles de *mauve*, de *seneçon*, d'*arroches*, de *branche ursine*, &c. avec quelques poignées de *graine de lin & de semence d'herbe aux puces*. Elles demeureront une heure dans ce bain, après quoi on les essuyera, & on les examinera deux ou trois heures après le bain, les ayant cependant fait observer de bien près. Si une fille est pucelle, toutes ses parties amoureuses seront pressées & jointes les unes aux au-

L 3   tres;

tres ; mais si elle ne l'est point, elles seront lâches, molettes & pendantes, au lieu de ridées & de resserrées qu'elles étoient auparavant, lorsqu'elle vouloit nous imposer.

CHAPITRE II.

S'il y a des remédes capables de rendre la virginité à une fille.

Saint Jérôme écrivant à une fille dévote, que l'on apelloit *Eustochion*, & lui interprétant ce beau passage de l'Ecriture : *La Vierge d'Israël est tombée, & il n'y a personne qui la puisse relever,* dit dans une autre langue ces mêmes paroles : *Je vous dirai hardiment, ma chére fille, que bien que Dieu soit tout-puissant, il ne peut toutefois rendre la virginité à une fille qui l'aura une fois perduë : il peut bien lui pardonner son crime, mais il n'est pas en son pouvoir de lui rendre la fleur de sa virginité qu'elle s'est laissée ravir.*

En effet, il n'y a point de remédes que nos Médecins ayent pû inventer,

ni

ni d'artifices que nos courtisanes ayent pû pratiquer, qui la puissent faire renaître. C'est une vertu qui s'eclipse une fois dans la vie & que l'on ne voit jamais reparoître. C'est une liaison de parties, qui étant une fois séparées, ne se réunissent plus, comme elles étoient auparavant.

Parce qu'il n'y a point de signes qui la puissent clairement découvrir, il n'y a point aussi de remède, qui la rétablisse, quand elle est une fois perduë. Nous avons bien le pouvoir de l'imiter & de faire une vierge masquée, pour ainsi dire; mais nous ne pouvons remettre le naturel, qui est quelque chose de plus cher & de plus précieux.

J'ai été long-tems à me déterminer, sçavoir, si un médecin devoit écrire ouvertement sur ces sortes de matiéres. Mais après y avoir fait de sérieuses réflexions, j'ai été obligé, par de puissans motifs, à faire ce chapitre. Car le mépris & l'infamie que peut encourir une fille innocente, qui se marie lorsqu'elle est naturellement trop ouverte; & une autre qui par fragilité s'est
laissée

laissé aller aux persuasions d'un homme qui l'a trompée, sont de fortes raisons pour ne me pas taire sur ce chapitre. La paix des familles & la tranquillité de l'esprit d'un mari, sont presque toûjours rétablies par les remédes que nous avons dessein de proposer; c'est par eux encore que la volupté licite du mariage est fomentée & que souvent la génération est procurée; car il s'est vû des femmes qui ne pouvoient avoir des enfans que par les remédes, que je proposerai dans la suite de ce discours.

Les hommes, pour parler en général, n'estiment la virginité d'une fille que par l'ouverture étroite de ses parties naturelles, par la polissure de son ventre, & par la rondeur & la dureté de la gorge. Souvent ils ne se mettent guéres en peine de quelques gouttes de sang, qui doivent couler dans les premiéres caresses du mariage, & ils ne vont pas examiner tous les signes que nous avons raportés au chapitre précédent, pour être assurés de la virginité des filles qu'ils épousent: il suffit que leurs femmes ayent les trois qualités

considéré dans l'état du Mariage. 127

tés que nous avons remarquées ci-dessus, pour être bien reçuës auprès d'eux. Si elles sont trop ouvertes, ou qu'elles ayent la gorge trop lâche & trop molette, quand elles seroient des *Agnès* & des *Catherines*, le chagrin les prend aussi tôt, & la passion insensée, que l'on apelle jalousie, s'empare en même-tems de leurs esprits & leur fait soupçonner des choses infâmes, dont ces femmes sont souvent tout-à-fait innocentes.

Pour éviter donc tous ces désordres, qui ne sont que trop fréquens dans le monde, & qui ne troublent que trop tôt la tranquillité du mariage, je raporterai ici des remédes qui mettent à couvert les filles & les femmes des mauvais préjugés que l'on pourroit avoir pour elles. Les premiéres s'en pourront servir, lorsqu'elles seront trop ouvertes & qu'elles auront les mamelles trop pendantes ; que d'ailleurs par foiblesse elles se seront abandonnées à leur passion indiscrette, & qu'elles auront été meres avant que d'être mariées. Les autres en pourront user,

pour

pour plaire à leurs maris & pour faciliter la conception dans leurs entrailles.

J'avouë que l'on peut abuser de ces remédes comme des choses les plus excellentes du monde; mais on ne sçauroit pourtant blâmer la nature, qui permet que le soleil échauffe la terre, aussi-bien pour les Aconits & pour les Colchiques, que pour les Dictams & les Gentianes.

S'il se trouve donc qu'une fille naturellement étroite ait accouché secretement & qu'elle veuille ensuite se marier, sans que son mari puisse s'apercevoir de sa foiblesse passée, le meilleur remède que je lui puisse donner dans cette occasion, c'est qu'elle soit chaste & pudique quatre ou cinq ans avant son mariage, qu'elle ne s'échauffe point l'imagination d'amourettes, par des danses, des conversations & des lectures impudiques, & qu'elle vive dans la modestie qui est bienséante aux filles qui se repente; je lui promets que son mari la prendra pour pucelle, & qu'il ne croira jamais avoir été trompé. Car si l'on fait réflexion sur l'histoi-

considéré dans l'état du Mariage. 129
re que nous avons raportée au chapitre précédent, d'une fille de vingt-cinq ans, du Pays des *Topinambous*, nous n'aurons pas de peine à nous persuader que le remède que je conseille ici, ne soit le meilleur de tous ceux que l'on pourroit mettre en usage.

Mais pour celles qui sont naturellement fort ouvertes, qui ont le ventre fort ridé, & les mamelles molettes & pendantes, je suis d'avis qu'elles usent des remédes qui les resserrent & qui les rendent agréables à leurs maris.

La *vapeur* d'un peu de *vinaigre*, où l'on aura jetté un *fer* ou une *brique rouge*, la *décoction astringente de gland, de prunelles sauvages, de myrrhe, de roses de Provins*, & de *noix de cyprès*, l'*onguent astringent de Fernel*, les *eaux distilées de myrrhe*, sont tous des remédes qui resserrent les parties naturelles des femmes qui sont trop ouvertes.

Pour remédier à ce défaut, quelques Médecins veulent que l'on jette dans la matrice un lavement astringent, fait de la décoction des choses que nous avons proposées ci-dessus.

Mais

Mais je ne conseille pas l'usage de ce remede, à moins qu'une femme n'ait fait de fâcheuses couches, & qu'elle ne soit toute ouverte par les efforts qu'elle y auroit soufferts; autrement ces liqueurs astringentes pourroient causer des douleurs & des tranchées insuportables, si elles étoient une fois renfermées dans ces parties-là & qu'elles n'en pussent sortir, ainsi que l'expérience me l'a quelquefois fait connoître.

Ne seroit-il pas permis à une fille, qui a passé quelques années de sa vie dans des voluptés illicites, de rassurer le premier jour de ses nôces l'esprit de son mari, en prenant un peu de *sang d'agneau*, qu'elle auroit fait sécher auparavant, & en se le mettant dans le conduit de la pudeur après en avoir formé deux ou trois petites boules ? Ne lui seroit il pas permis, dis-je, pour conserver la paix dans sa famille, de faire tous ses efforts pour paroître sage à l'égard de son mari ?

Mais l'envie de paroître pucelle va quelquefois jusques-là même, que l'on ne craint point de s'exposer aux douleurs

considéré dans l'état du Mariage. 131

leurs les plus cuisantes; car il s'est souvent trouvé des Courtisanes qui se sont ulcérées les parties naturelles, pour être estimées vierges, quand elles ont voulu se lier licitement avec un homme.

Le ventre est quelquefois si défiguré de rides & de cicatrices après un accouchement, que celles que l'on estime filles, n'osent se marier à cause de ces défauts: cela les oblige souvent à mener une vie débauchée & à passer le reste de leurs jours dans des voluptés illicites. Les femmes mêmes ont de la honte de se laisser voir en cet état à leurs maris, & ainsi quelquefois elles se privent des douceurs du mariage & de la naissance de plusieurs enfans.

Afin donc que ces filles puissent abandonner leur façon de vivre deshonnête & impudique, qu'elles se marient avantageusement, & que les femmes n'ayent plus de scrupule dans le mariage; je veux bien écrire ici ce que j'ai apris d'un Médecin, le plus fameux de toute l'Italie.

On prendra 40 *pieds de mouton*, dont

Tome I. M on

on brisera les os, & après les avoir fait boüillir dans une suffisante quantité d'eau, l'on prendra avec une cuillier ce qui nagera par-dessus, à quoi l'on ajoûtera *deux gros de sperme de baleine, deux onces de graisse fraîche de pourceau femelle*, autant de *beure frais sans sel*, on fera fondre tout cela dans un pot de terre vernissé; & après que l'onguent sera refroidi, on le lavera avec de l'*eau-rose* jusqu'à ce qu'il blanchisse; on le mettra ensuite dans une boëte de verre, pour en user selon la nécessité.

Après que la personne se sera servi de ce reméde, elle s'apliquera sur le ventre une *peau de chien* ou de *chévre*, préparée de cette façon, que l'on apelle *peau d'occagne*; on prendra deux onces de chacune de ces huiles; sçavoir, d'*amandes douces*, de *millepertuis*, de *mirtils*. On les lavera avec de l'*eau-rose* & après avoir été ainsi préparées, l'on en oindra une de ces peaux parfumées, que l'on aporte ordinairement d'Espagne ou d'Italie. On la laissera humecter pendant toute une nuit, & le lendemain on la frotera fortement entre

les

considéré dans l'état du Mariage. 133

les mains pendant une heure : & après l'avoir ensuite, pendant deux jours entiers, exposée à l'air, ou le soleil ne donne pas, on prendra la mesure du ventre pour la couper, & puis on l'y apliquera ; principalement pendant la nuit. Si quelques semaines se passent sans que les cicatrices s'effacent, on doit prendre de l'huile de myrrhe, qui en adoucissant la peau, en emporte les taches avec plus de force, sans l'endommager ; si l'on veut que ce remede soit plus fort, l'on ajoûtera à cette huile du *suc de citron* & un peu de *sel armoniac* ; & par une forte agitation l'on en fera un onguent.

Il ne me reste plus qu'à remédier au défaut d'une grosse gorge molette, qui fait quelquefois soupçonner une fille d'être lascive & d'aimer le vin : car il y en a qui portent comme deux coussins sur la poitrine, & qui sont tellement embarrassées quand elles veulent agir, qu'à peine peuvent-elles faire jouer leurs bras. C'est peut-être pour ce sujet, si nous en croyons l'histoire, que les Amazones se brûloient l'une des

M 2

mamelles, pour être ensuite plus agiles & plus adroites.

Outre les remédes que nous avons allégués ci-dessus, qui peuvent servir à diminuer la gorge, on peut encore user de *gros vin rouge*, ou d'*eau de forge*, dans laquelle on aura fait bouillir du *lierre*, de la *pervenche*, du *myrrhe*, du *persil* & de la *ciguë* même, sans apréhender la mauvaise qualité de cette derniére plante ; notre ciguë étant bien différente de celle des Athéniens, avec le suc de laquelle ils firent mourir le plus sage des hommes, comme l'oracle l'avoit nommé.

Il y en a qui se servent de formes *de plomb* pour diminuer les mamelles. En effet, c'est un bon remède pour ces sortes de défauts : mais si l'on a auparavant humecté le dedans du plomb avec de l'*huile de jusquiame*, le remède sera encore plus excellent ; car cette huile a une vertu particuliére pour diminuer la gorge & pour la faire endurcir ; elle s'opose même à la génération du lait après l'accouchement.

Mais afin qu'il n'arrive point d'accident

cident de l'ufage de tous ces remédes, je répéterai ici ce que j'ai confeillé ailleurs aux filles & aux femmes ; c'eft qu'il n'en faut ufer pour la gorge, ni pour les parties naturelles, que trois ou quatre jours après les régles, & huit jours auparavant. Et les femmes qui ont depuis peu accouché, ne doivent s'en fervir que fur la fin de leurs vuidanges ; ce qui peut arriver après le trentiéme ou le quarantiéme jour de leur accouchement.

CHAPITRE III.

A quel âge un garçon & une fille doivent fe marier.

IL ne faut pas s'étonner fi nous fommes mortels, puifque nous fommes compofés de parties fi différentes & fi opofées entr'elles. Les élémens qui fe font tous les jours la guerre en nousmêmes, fans que nous nous en apercevions, & la chaleur naturelle qui diffipe inceffamment l'humeur radicale qui nous soutient, sont les deux causes de la fin où nous courons avec précipitation. Notre chaleur agissant toûjours sur notre humidité, la consume & la détruit peu-à-peu; si bien que comme le feu d'une lampe finit par la dissipation de l'huile qui le fomente, notre chaleur s'éteint par le défaut de l'humidité qui la conserve. L'air, les alimens & la boisson ne sont pas suffisans pour la réparer éternellement; s'ils le font, ce n'est que pour un tems, & les parties qui entretiennent notre feu, venant à vieillir, se lassent enfin d'agir, incessamment de la même sorte, & de recevoir en même-tems ce qui les fait subsister & ce qui les fait périr.

La nature prévoyant bien la perte du monde, si en quelque façon elle n'y mettoit ordre, donna dès le commencement des siécles, à l'un & à l'autre sexe, un admirable assemblage de parties pour produire leur semblable, & en même-tems des feux secrets pour les perpétuer. Ce fut dans la naissance du monde qu'elle établit cette douce société de vie, & qu'elle ne fit pas seulement une jonction de deux corps, mais un agréable mélange des armes qui les animoient. Le mariage qui est presque aussi vieux que le monde, est cette source d'immortalité & le plus important état des hommes, puisque sans lui les Villes & les Républiques seroient abandonnées.

ARTICLE I.

Eloge du Mariage.

JE ne veux point faire ici l'éloge du Mariage; il est assez recommandable par l'institution que Dieu en fit dans le Paradis Terrestre, & par la fin que l'Eglise s'y propose. Si Adam dans l'état d'innocence avoit besoin d'une aide, comme le marque l'Ecriture, nous ne devons pas être malheureux par une alliance qui rendit heureux notre premier Pere; & nous aurions tort de croire, selon la pensée de quelques-uns, qu'il répandit le mal dans tout l'Univers, quand il eut ordre de remplir

la

la terre d'hommes & de les multiplier. Je ne veux pas encore dire que ce fut à des Nôces que *Jesus-Christ* fit son premier miracle ; que le Mariage sert de figure à l'union de *Jesus-Christ* avec l'Eglise. Et je puis parler ainsi aux personnes mariées.

Mariés, pensez en tout lieu,
Que vous êtes la sainte Image,
De l'adorable Mariage,
De l'Eglise & du Fils de Dieu.

De plus, que c'est un mystére, au raport de S. *Paul*, que l'on apelle Dieu du nom d'Epoux dans les Cantiques : & que *Jérémie* même, pour parler à la façon des hommes, fait Dieu marié, & nous le represente en cet état. Toutes ces pensées sont trop communes, & elles ont été trop souvent rebatuës.

Mais je puis dire qu'il n'y a point d'état dans la vie qui soit plus honorable que le mariage, puisque c'est une condition qui fait incessamment des presens à l'Eglise & à l'Etat ; & que, selon cette pensée, notre incomparable Monarnarque qui ne laisse rien échaper pour rendre ses Peuples heureux & son Royaume abondant, fit depuis peu, à l'imitation des Romains, une Déclaration, par laquelle il veut que les Peres de dix enfans soient exempts de charges publiques, & qu'outre cela ils reçoivent encore de sa libéralité ordinaire une pension considérable.

En effet, les enfans sont des faveurs du Ciel, par l'aveu même de *S. Jérôme*, qui éleve si haut la virginité. Et dans le Vieux Testament, le mariage est si fort estimé, qu'il a l'avantage d'être par-dessus les autres états de la vie; si bien qu'il est aisé de juger par-là que dans l'ancienne Loi on le préféroit à la virginité, & que la stérilité des femmes y passoit pour une espéce d'opprobre. Et même l'Eglise d'aujourd'hui nous montre bien la grandeur du mariage & de la génération, lorsqu'elle comble de graces les mariés. Cependant la question est encore aujourd'hui problématique, sçavoir lequel des deux états on doit le plus estimer, ou de celui du mariage, ou de celui de

la

la continence: & c'est une chose bizarre, que dans le siécle où nous sommes, nous voyons des aprobations & des priviléges pour l'un & pour l'autre parti. *Charles Chausse*, Sieur de la *Teriére*, écrivit en 1625. de l'excellence du Mariage contre la continence; & le Sieur *Ferrand* écrivit ensuite contre ce Livre de la Continence contre le Mariage; les choses n'étoient point en cet état du tems de *S. Jérôme*; puisque ses amis suprimérent son Livre de la Virginité, que nous voyons aujourd'hui parmi ses Ouvrages, parce qu'il étoit oposé aux desseins de l'Eglise. Cependant nous sçavons que de saints personnages ont choisi le Mariage comme un état le plus honnête de la vie; témoin *S. Pierre*, *S. Clément Aléxandrin*, Maître d'*Origéne*; *Novat*, Prêtre de Carthagéne en Afrique; *S. Hilaire*, *S. Grégoire de Nice*, *Tertullien*, & plusieurs autres, qui ont crû pouvoir recevoir plus de graces du Ciel par le moyen de ce Sacrement, que par la voie de la continence.

Les Juifs & les Chrétiens estimoient donc beaucoup plus le mariage que la vir=

virginité; & ces derniers ne donnoient jamais de Charge de Magistrature aux hommes qui n'étoient point mariés. Les Payens même ont fait des Loix à son avantage. Car les Sparciates, d'un côté, instituérent une fête, où ceux qui n'étoient pas mariés étoient fouettés par des femmes, comme indignes de servir la République, & de contribuer à son honneur & à son progrès. Les Romains, d'un autre côté, couronnoient la tête de ceux qui l'avoient été plusieurs fois; & dans leurs réjouissances publiques, ceux qui avoient été souvent mariés, paroissoient avec une palme à la main, comme chargés d'autant de victoires que les *Céfars*; en ayant contribué à la grandeur de la République aussi bien qu'eux, par le nombre des soldats qu'ils lui avoient donnés. C'est pour cette raison, au raport de *S. Jérôme*, qu'ils couronnérent un homme de lauriers, & qu'ils voulurent que dans la pompe funèbre, il accompagnât le corps de sa femme, la palme à la main & la couronne sur la tête; puisqu'il étoit fort raisonnable,

ajoû-

ajoûte-t-il, qu'ayant été marié vingt fois & sa femme vingt-deux, il fut mené comme en triomphe à son enterrement.

ARTICLE II.

L'âge le plus propre au Mariage.

Toute sorte d'âge n'est pas capable de goûter les douceurs du mariage. Les premiéres & les derniéres années ont leurs obstacles; & si les enfans sont trop foibles, les vieillards sont trop languissans. Le milieu de notre vie est l'âge le plus propre à *Vénus*, qui, comme *Mars*, ne demande que de jeunes gens, pleins de feu, de santé & de courage.

Les Médecins ont des opinions différentes sur la division de notre vie. Les uns la partagent en quatre âges, d'autres en cinq, & d'autres en plusieurs autres parties. Mais à considérer la chose de bien près, les années ne font pas les âges; c'est la force & le tempé-

considéré dans l'état du Mariage.

rament qui les distingue. Une fille peut faire un enfant à dix ou à douze ans, parce qu'elle est forte & robuste, au lieu qu'une autre n'en sçauroit faire un à dix-huit ou à vingt, à cause de la foiblesse de ses parties & de la sécheresse de son tempérament. Néanmoins on doit se déterminer sur cette matiére, afin que les Jurisconsultes, qui ont besoin de la division des âges, puissent juger sainement des affaires qui leur apartiennent.

Le sentiment le plus suivi, est celui qui divise notre vie en cinq périodes; le premier est l'adolescence, qui dure depuis notre naissance jusqu'à l'âge de 25 ans, après quoi nous ne croissons plus. Depuis 25 ans, jusqu'à 35 ou 40, est la fleur de l'âge de l'homme; & c'est ce que l'on apelle la jeunesse, & dure jusqu'à 49 ou à 50 ans; c'est le tems que l'on se trouve de même force & de même tempérament; le quatriéme âge est la premiére vieillesse, qui dure jusqu'à 65 ans; & enfin l'âge décrépit, qui accompagne les hommes jusqu'à la mort.

L'Adolescence est encore divisée en plusieurs parties, entre lesquelles l'enfance tient le premier lieu ; elle commence depuis notre naissance jusqu'à 3 ou 4 ans, lorsque nous avons appris à parler : la puérilité la suit, qui se termine à 10 ans : l'âge de discrétion vient après, que quelques-uns nomment puberté, qui dure jusqu'à 18 ans; & enfin l'adolescence, qui prend le nom de tout ce tems-là, va jusqu'à 25.

L'enfance & la puérilité, ne sçavent ce que c'est que de produire des hommes ; & bien qu'il y ait quelques Historiens qui pourroient rendre cela douteux, par une histoire qu'ils font d'un enfant de 7 ans qui engrossa une fille ; cependant parce qu'il ne s'en trouve qu'un exemple dans l'antiquité, & que d'ailleurs la génération est incompatible avec la foiblesse de cet âge, il me sera permis de demeurer dans mon sentiment & d'exclure les enfans du nombre de ceux qui peuvent engendrer.

Je ne dirai pas la même chose de ceux qui ont atteint l'âge de discrétion : car dès que la voix se change, & qu'elle le se grossit par la chaleur naturelle qui s'augmente dans la poitrine, que l'on commence à sentir le bouc par des vapeurs désagréables, qui s'élevent de la semence, que le poil vient aux parties naturelles, & que l'on y sent des chatoüillemens réitérés; c'est alors, dis-je, qu'un jeune homme est embrasé par l'ardeur de l'amour, & que ses parties naturelles se disposent aux caresses des femmes.

Les Médecins, qui considérent incessamment les actions de la nature, ne peuvent se déterminer exactement sur l'âge que doivent avoir les hommes & les femmes pour se joindre amoureusement & pour engendrer: il y a tant de diversité de tempérament & de vigueur dans les hommes & dans les parties qui servent à la génération, qu'il est impossible de prononcer juste sur cette matiére. Ce que l'on peut dire en général, c'est que l'on commence à engendrer depuis dix ans jusqu'à dix-huit; mais on ne sçauroit marquer exactement l'année en particulier.

Nous lisons dans nos Observations

de Médecine, qu'il y a eu des hommes qui ont été peres à dix ans, & qu'il s'eſt trouvé des femmes de neuf ans qui ont mérité le nom de mere. *Joubert*, Médecin de Montpellier, & l'un des ſçavans hommes de ſon tems, a vû en Gaſcogne *Jeanne de Peirie*, qui fit un enfant à la fin de ſa neuviéme année. Cette hiſtoire n'eſt point ſeule; je pourrois en raporter beaucoup de ſemblables, qui ſont arrivées en France & dans les régions chaudes, ſi celle que nous a laiſſé par écrit *S. Jérôme* ne ſuffiſoit pour confirmer ce que je dis. Il nous aſſure qu'un enfant de dix ans engroſſa une nourrice avec laquelle il coucha quelque-tems.

J'avouë pourtant que ces ſortes de prodiges ſont rares dans le monde, & qu'il faut ſouvent des ſiécles pour en produire de ſemblables: mais la marque la plus aſſurée d'être en état d'engendrer, c'eſt, ſelon l'avis des Médecins, lorſqu'un homme peut jetter de la ſemence & que les régles paroiſſent à une fille; ce ſont alors des ſignes évidens que la nature a fourni à l'un & à l'aul'autre sexe de quoi se perpétuer. Ces épanchemens d'humeurs ne paroissent que rarement à neuf ou à dix ans ; on ne voit même guéres de filles de douze ans & de garçons de quatorze, capables d'obéir à l'amour & de produire cette matiére dont se forment les hommes. Cela arrive le plus souvent aux filles de quatorze ans & aux garçons de seize ; car en ce tems-là tout ne respire que production ; c'est le printems de la vie, & l'une des saisons les plus douces qu'ayent les hommes. Une fille seroit bien lente, si à seize ans elle n'étoit capable de se perpétuer par la production d'un enfant ; & un garçon de dix-huit ans seroit bien froid, si, étant couché avec elle, il lui étoit impossible de prendre des plaisirs amoureux. Enfin, on peut conclure de tout ce que je viens de dire, que l'âge le plus prompt à faire des enfans, est celui de dix ans ; & le plus tardif, celui de seize ou de dix-huit.

Sur ce que les femmes sont plûtôt prêtes à engendrer que les hommes, quelques Médecins ont soutenu qu'elles

les étoient d'un tempérament plus chaud ; car, si parlant en général, disent ils, elles ont plus de sang, elles ont aussi plus de chaleur ; puisque la chaleur naturelle réside davantage où il y a plus de cette humeur.

D'ailleurs on remarque, ajoûtent ils, que les femmes sont plus ingénieuses & plus agissantes que les hommes ; parce qu'ayant plus de sang, elles ont aussi plus d'esprits, qui sont la cause de leur activité. Elles ont encore plûtôt du poil aux parties naturelles ; & il s'en est vû qui n'étoient presque pas entrées dans l'âge de discrétion, à qui la nature commençoit à voiler leurs parties naturelles par le poil qu'elle y faisoit naître : ces mêmes femmes croissent & vieillissent encore plutôt, parce que la chaleur agissant plus fortement sur leurs corps que sur ceux des hommes, elle en avance aussi plutôt les actions & en dissipe plutôt les humidités.

Au reste, elles sont beaucoup plus amoureuses que les hommes ; & comme les passereaux ne vivent pas long-tems, parce qu'ils sont trop chauds &

trop susceptibles de l'amour, les femmes aussi durent beaucoup moins, parce qu'elles ont une chaleur dévorante qui les consume peu-à-peu. Il se trouve encore aujourd'hui des *Messalines*, qui par l'excès de leur chaleur, seroient en état de disputer avec plusieurs hommes des plus vigoureux, lequel des deux est le plus chaud. En effet, elles souffrent le froid avec plus de constance ; & si la chaleur naturelle, qu'elles ont abondamment, ne s'oposoit au froid de l'hyver, nous verrions autant de femmes que d'hommes se plaindre de la rigueur de cette saison.

S'il m'étoit permis de m'éloigner un peu de la matiére que je traite, il me semble que je n'aurois pas de peine à prouver le contraire de ce que l'on dit du tempérament des femmes : je ferois voir que la grande quantité de sang vient plutôt de la médiocrité de la chaleur, que de son excès : que les femmes sont plutôt legéres qu'ingénieuses : que si elles engendrent & vieillissent plutôt, c'est aussi une marque de la foiblesse de leur chaleur : que l'excès de l'amour ne peut être principalement attribué à la force de cette même chaleur, mais à l'inconstance de leur imagination, ou plutôt à la Providence de la nature, qui les a faites pour nous servir de joüet après nos plus sérieuses occupations. Après tout, si elles ne sont pas si susceptibles du froid, il ne faut en chercher la cause que dans leur embonpoint ordinaire, qui s'opose incessamment à la pénétration des qualités les plus actives.

L'homme au contraire agit avec plus de fermeté, se nourrit avec plus de bonheur, se défend avec plus de courage & de presence d'esprit, raisonne avec plus de force & contribuë à faire un enfant avec plus de promptitude. C'est lui principalement qui agit dans la génération, où il se communique soi-même, & qui par ses autres actions de corps & d'esprit, donne par tout des marques de sa force & de sa chaleur, au lieu que la femme ne fait que souffrir les impressions que l'homme veut lui donner; & souvent elle n'est pas si-tôt prête, que lui à donner

de

de quoi former un homme. En un mot, elle n'est faite que pour concevoir, pour allaiter & pour élever les enfans.

De plus, un mâle est plutôt accompli dans le sein de sa mere, qu'une femelle: il s'agite avec plus de force, & vient aussi au monde un peu plutôt; ce que l'on doit attribuer à la force de sa chaleur & de son tempérament; car c'est à cette même chaleur à perfectionner & à avancer plus promptement les choses par tout où elle se trouve plus abondante; & par cette même raison, on ne voit presque jamais vivre de jumeaux de différent sexe. Il y a trop d'inégalité de chaleur & de tempérament, quand ils se trouvent tous deux embarassés dans les mêmes lieus.

Mais reprenant la matiére que nous avons laissée, pour faire une digression qui ne me paroît pas inutile, je dirai maintenant, pour continuer à parler des âges des hommes, que les Jurisconsultes, qui dans ces sortes de matiéres ne suivent pour l'ordinaire que le sentiment des Médecins, ont fixé un tems pour le mariage, au milieu de

l'âge

l'âge de discrétion. Et parce que ceux-là sont extrêmement rares, qui commencent à engendrer à neuf ou à dix ans, aussi-bien que celles qui ne pourroient le faire à seize ou à dix-huit, ils ont déterminé l'âge de quatorze ans pour les garçons, & de douze pour les filles, ces années se rencontrant dans le milieu de la puberté ; si bien que ceux qui sont au-dessous de ces derniers âges, sont estimés pupilles, & la Loi ne permet pas qu'ils soient accusés d'adultére, ni qu'ils puissent se marier. Si quelqu'un la viole par un mariage prématuré, les Juges déclarent ce mariage nul & invalide, & mettent ceux qui l'auroient contracté au même état qu'ils étoient auparavant ; parce qu'il est, disent-ils, de l'essence du mariage d'être en état de faire un enfant, & que ceux qui sont au-dessous de ces âges ne sont pas présumés en être capables.

Les Politiques, qui considérent la durée d'un état florissant, ne sont pas du sentiment des Jurisconsultes pour le tems qu'il faut marier les jeunes gens.

gens. Ils sçavent que ce n'est pas seulement la bonté du climat, la fertilité de la terre, ni les richesses des habitans qui font un Monarque redoutable, mais la santé & la vigueur des peuples qui lui apartiennent. L'âge de douze & de quatorze ans, est un âge trop foible pour faire un present à l'Etat d'hommes spirituels & robustes; & ces mêmes Politiques aprennent des Médecins, qu'il faut un âge plus avancé pour engendrer des hommes capables de gouverner un Royaume, ou de ménager une République.

En effet, le ventre d'une femme est trop étroit à ces âges-là, pour engendrer des enfans bien faits; les parties internes ne sont pas assez larges pour les porter à terme; & une femme si jeune ne peut suffire tout ensemble, & à son propre accroissement & à la nourriture de son enfant. Les couches doivent être ordinairement funestes, & doivent lui apréhender de perdre la vie en la donnant à un autre. Les Brasiliens sont bien plus sages que nous: ils ne marient jamais leurs filles qu'elles n'ayent eu les régles, parce que c'est par-là que la nature leur marque qu'elles sont en état de porter des enfans. D'ailleurs un jeune homme a l'esprit & le corps trop foibles à l'âge de quatorze ans; sa semence n'est ni assez cuite, ni assez digérée pour produire un enfant fort & spirituel ; & s'il est alors capable d'engendrer, les enfans qui en viennent, sont ou trop petits ou trop délicats.

Platon & Aristote, ces deux grands génies de l'antiquité, ne permettoient pas de se marier avant l'âge de 30 ans, & presentement une personne n'oseroit se marier avant ce tems-là sans le consentement de son pere & de sa mere. Ce qui obligea *Gratien* à faire une Loi, par laquelle il établissoit la perfection d'un homme à cet âge-là. Car c'est alors que l'on ne croît plus, & que la chaleur naturelle ne s'occupant plus à dilater les parties du corps de l'homme, elle s'employe seulement à le conserver & à fomenter ses parties amoureuses, pour produire avec plus de force une matiére capable de perpétuer son espéce.

Le

considéré dans l'état du Mariage. 155

Le meilleur est de suivre là-dessus le sentiment le plus commun ; c'est-à-dire, d'estimer parfait homme à 25 ans & une fille à 20. C'est alors qu'ils sont tous deux plutôt en état de se marier que dans un âge moins avancé ; car, pour parler de cet homme, il ne lui manque rien à cet âge-là pour contenter une femme ; ses parties naturelles ont les dimensions qu'elles doivent avoir pour bien agir dans les embrassemens amoureux ; sa semence est féconde. Les esprits qui doivent servir à la génération s'engendrent alors en plus grande abondance, & sa verge est presque toûjours en état de fournir de quoi faire un homme, contre la volonté même de celui qui la porte. Enfin cet homme doit d'autant plutôt se marier, qu'il est d'un tempérament chaud & humide, d'un sang bouillant, bilieux & mélancolique ; qu'il a la taille médiocre, la tête grosse, les yeux étincelans ; le nez gros, la bouche bien fenduë, les joües teintes de sang & le menton arrondi. L'on en doit à proportion dire autant d'une fille de 20

Tome I.   O   ans

ans, qui, à l'imitation de cette *Fabiola*, dont parle *S. Jérôme*, ne peut vivre sans jouir des plaisirs de l'amour & sans suivre le conseil que l'Eglise donne en se mariant.

En effet, l'âge de douze ou de quatorze ans est un âge trop tendre pour souffrir le joug du mariage; il faut des personnes fortes & robustes, si elles veulent y avoir du contentement.

ARTICLE III.

De la conception, de la grossesse & de l'enfantement.

Lorsqu'une femme a conçu, elle a suivi en cela le conseil que l'Eglise lui a donné en la mariant, & elle a exécuté les ordres de la nature. Mais je ne sçai par quel malheur, ordinaire à l'amour, elle paroît plus abattuë qu'auparavant. Tout lui déplaît, elle ne mange point: & si elle met quelque chose dans la bouche, ce sont des choses hors de l'usage commun des hommes,

considéré dans l'état du Mariage. 157

mes, encore les rejette-t'elle, dès qu'elle les a prises. Les meilleurs alimens lui font mal au cœur; elle n'en peut même souffrir la fumée. Les nuits lui sont inquiétes, son sommeil est interrompu, & quelquefois accompagné de la maladie que l'on apelle *Incube*, comme s'il ne suffisoit pas que le corps pâtit, sans que l'ame eut encore ses peines. La vapeur d'une chandelle éteinte est insuportable à cette même femme, qui souffre de tems en tems de legers tremblemens par tout le corps. Le ventre lui fait mal & s'aplatit, si bien qu'il y a lieu de croire, selon le Proverbe: *Qu'en ventre plat, enfant y a.* Souvent le ventre demeure paresseux, & cette paresse lui cause pour l'ordinaire des tranchées. Les graces ne sont plus sur son visage; ses yeux sont languissans & meurtris; & le feu dont l'amour se servoit autrefois pour des conquêtes, les a abandonnées pour quelque-tems. Elle ne peut marcher qu'elle ne boëtte & qu'elle ne ressente d'extrêmes douleurs aux reins, aux cuisses & aux jambes. Enfin, dans la

O 2   lan-

langueur où elle est, elle souffre sans cesse pour avoir trop aimé. Ces incommodités la font presque repentir de s'être alliée à un homme, si elle n'espéroit au bout de neuf mois de récompenser ses souffrances par la joye d'un enfant qui lui doit venir.

L'expérience nous aprend qu'une femme grosse est plus amoureuse au commencement de sa grossesse qu'auparavant. Beaucoup plus de sang & d'esprits occupent ses parties naturelles; & si on la baise en ce tems-là, c'est de l'eau que l'on jette sur le feu d'une forge, qui, plus il est arrosé, plus il est ardent.

Les François ne sont pas si retenus à caresser les femmes grosses, que quelques autres Nations. Il y a même des Médecins qui sont d'avis qu'on les doit baiser avec plus d'ardeur, pour obéir aux loix de la nature, qui les rend alors plus amoureuses. Mais à dire le vrai, si nous suivons le sentiment d'*Hypocrate*, elles font de plus véhémentes couches, quand elles ne sont point caressées pendant leur grossesse,

&

considéré dans l'état du Mariage. 159
& nous voyons souvent arriver des accidens funestes aux femmes qui se divertissent avec un homme quand elles sont grosses ; car si elles ne font pas de fausses-couches, au moins deviennent-elles grosses une seconde fois.

Les femmes du Brésil sont bien plus retenuës que nos Françoises, puisque dès qu'elles se sentent grosses, elle se séparent de la compagnie de leurs maris. Elles n'apréhendent pas que les fortes secousses de l'amour ébranlent un enfant qui est fort délicat dans ses premiers mois, & que les régles qui sont souvent provoquées par la chaleur, que les baisers réitérés excitent dans les parties naturelles d'une femme, l'étouffent & le suffoquent. Il ne peut même s'en garantir sur la fin de sa prison, lorsqu'il est plus robuste. Les liens qui le tiennent saisi se relâchent par sa pesanteur, aux moindres efforts amoureux de la mere : & il est ainsi contraint de perdre la vie, en naissant avant le tems, lui qui ne l'a presque pas encore reçûë.

Quoique la plûpart des Médecins,

O 3 après

après *Hypocrate*, difent que la matrice eft tellement fermée après la conception, qu'il n'eft pas poffible d'y faire entrer la pointe d'une éguille, nous fommes pourtant perfuadés du contraire. Car on fçait qu'elle fe décharge fouvent de fes humidités fuperfluës & que les femmes font angroffées une feconde fois. Nous ne manquons pas de femmes qui nous ont inftruits de pertes rouges ou blanches qu'elles font dans les premiers mois de leur groffeffes, & nous avons des exemples de fuperfétation, & peut-être plus fouvent que nous ne le penfons; car les jumeaux qui naiffent envelopés de membranes différentes, & qui font attachés à un feul arriére-faix, font d'ordinaire autant de fuperfétations dont on ne s'aperçoit pas. Toute la *Rochelle* a fçu la fuperfétation de Mademoifelle *Louveau*, qui quelque-tems après avoir accouché d'une fille, monta à cheval pour aller à la campagne, où elle accoucha d'un garçon vingt-neuf jours après fes premiéres couches. La fille vécut fept ans, & le garçon

considéré dans l'état du Mariage. 161
çon ne vécut que sept jours.

Les femmes seroient trop malheureuses, si la douleur & les autres peines ne les abandonnoient point pendant leur grossesse. Une femme grosse, qui a demeuré 3 ou 4 mois dans des langueurs extrêmes, dans des dégoûts & des vômissemens continuels, joüit presentement d'une santé parfaite. Elle ne se souvient plus d'avoir été incommodée ; & si elle ne sentoit dans ses entrailles quelques petits mouvemens comme des fourmis, elle ne s'imagineroit pas d'être grosse. Mais cette santé ne dure pas long-tems. Car dès que l'enfant aura de la force, ses douleurs se renouvelleront, & en touchant son pouls qui lui bat fort, on diroit qu'elle a la fiévre. Enfin le tems d'accoucher s'aproche ; l'enfant lui frape le côté, les eaux commencent à couler pour humecter & élargir le passage ; & si l'accouchement n'est malheureux, en moins d'une heure elle se délivre. C'est alors que l'on doit considérer la pudeur d'une femme qui accouche, & que l'on doit avoir pour elle &
de

de la pitié & de la véneration, à caufe du mal qu'elle fouffre & du péril où elle eft expofée, & auffi à caufe de l'honneur qu'elle a d'être l'origine & la fource des beaux ouvrages de la nature.

On a foin, d'un côté, de l'enfant ; on lui coupe le cordon le plus long que l'on peut, fi c'eft un garçon ; & le plus court, fi c'eft une fille. Tout cela fe fait par ordre de la Matrône, qui s'imagine que le membre du garçon en deviendra plus grand, & que la fille en fera plus étroite : après cela on lui donne du beurre & du miel fondus, pour s'opofer aux douleurs du ventre, aufquelles l'enfant eft fujet après être né, & pour vuider les excrémens noirs qui font dans fes boyaux il y a long-tems. D'un autre côté on foulage la mere ; on lui ferre d'abord doucement le ventre, & l'on étuve avec du vin tiéde fes parties naturelles. En un mot, on y aporte tous les foins, que l'on a accoutumé d'aporter aux femmes nouvellement accouchées.

ARTI.

ARTICLE IV.

Si la nature à fixé un tems pour accoucher.

LEs Médecins & les Jurisconsultes agitent cette même question, & les uns & les autres l'examinent avec beaucoup de soin. Les Jurisconsultes veulent être assurés d'un tems fixe pour la naissance des enfans, afin de partager justement un patrimoine, & de n'en pas faire héritier un enfant qui ne seroit pas légitime. Et parce que ceux-ci ne jugent que sur le sentiment des Médecins, je veux bien raporter ici en peu de mots ce que la plupart en pensent. Mais avant que de dire quelque chose d'assuré sur cela, il me semble qu'il est à propos de répondre d'abord à quelques difficultés qui se presentent.

Quelques Médecins ont fait des livres exprès, où ils prétendent prouver qu'il n'y a point de tems déterminé pour la naissance des hommes, & que la nature étant la maitresse d'elle-même, avance ou retarde le tems des couches quand il lui plaît. En effet, ceux qui sont dans ce sentiment, ne manquent ni de raisons ni d'autorité pour faire valoir leur opinion; car ils disent que les tempéramens des hommes étant presqu'infinis, les enfans qui ont le plus de chaleur, sont plûtôt formés dans les entrailles de leur mere & naissent aussi plûtôt, ainsi qu'il y en a qui viennent au monde à six mois, comme fit *Livia*, femme d'*Auguste*, selon le sentiment des Médecins de ce tems-là; & d'autres qui ayant moins de vigueur, ne peuvent naître qu'après plusieurs mois, témoin *Ruffus*, que *Vestilia* fit à onze mois, & l'enfant dont une femme de 60 ans accoucha, lequel demeura dans les flancs de sa mere pendant quinze mois, si nous en voulons croire *Masse*.

Ils disent encore, qu'une femme qui a la matrice petite & étroite, & qui d'ailleurs a fort peu de nourriture pour donner à son enfant, ne sçauroit s'empêcher d'accoucher à six ou sept mois, au lieu qu'une autre qui sera grande &
bien

bien nourrie, portera son enfant jusqu'à dix ou douze mois.

Ils ajoûtent, que la femme participant de la nature des animaux, qui font beaucoup de petits d'une seule ventrée, & de la nature de ceux qui n'en font qu'un, elle ne doit pas avoir un tems fixe pour accoucher. Que l'homme n'ayant point de tems déterminé pour caresser sa femme, la nature n'en a point aussi de fixe pour le faire naître : qu'il n'en est pas de même des autres animaux, qui ont leur tems réglé pour faire leurs petits, si bien que l'on ne verra pas en hyver une linotte pondre & couver ses œufs. Qu'au reste, l'autorité d'*Hypocrate* décide cette question, qui a été suivie des Jurisconsultes ; sçavoir, que les enfans peuvent naître depuis le septiéme jusqu'à l'onziéme mois.

Mais si nous voulions examiner de près tous ces raisonnemens, nous pourrions dire, que bien que les femmes & les enfans ayent des compléxions bien différentes entr'eux, il y a lieu néanmoins d'être persuadé qu'une vieille le *Espagnole*, & qu'une jeune Laponoife accouchent naturellement l'une & l'autre au bout de neuf mois accomplis. Que l'on ne doit pas établir un fentiment fur ce que les femmes nous difent du nombre des mois de leur groffeffe. Que la grandeur de la matrice dévroit plûtôt avancer fes productions que de les retarder. Qu'une femme qui a peu de fang dévroit accoucher plus tard, ayant befoin de plus de tems pour perfectionner ce qu'elle porte dans fes entrailles, & qu'enfin on ne doit pas regarder les défauts d'une partie, ni les erreurs de la nature, pour établir un principe univerfel.

Nous pourrions encore dire, que la nature des femmes n'eft point entre la nature de ces différens animaux, & qu'*Averroés* s'eft fort mal expliqué là-deffus ! que quand les femmes font plufieurs enfans dans les mêmes couches, nous pouvons dire que ces accouchemens font contre les ordres de la nature, qui a prefcrit aux femmes de n'en faire qu'un, ainfi que l'expérience nous le fait remarquer tous les jours.

Après

Après-tout, que les femmes ont un tems aussi fixe pour accoucher, qu'ont les autres animaux pour faire leurs petits; & qu'il ne faut pas confondre, par un sophisme évident, la saison & le tems auquel nous caressons les femmes & auquel elles conçoivent, avec le tems que la nature garde comme inviolable pour la naissance des enfans.

Enfin nous pourrions opposer *Hypocrate* à *Hypocrate* même, & nous pourrions alléguer cette belle vérité qu'il nous a laissé par écrit; sçavoir, que la nature est toujours stable dans ses actions, & qu'il ne faut pas tant regarder ce qui arrive rarement pour établir une régle générale, que ce qui s'y passe le plus communément.

Fortifions encore ce sentiment par d'autres preuves, & disons que si la nature garde une loi fixe dans les corps des bêtes, lorsqu'elles sont pleines, & que cette même nature ne manque pas presque d'un jour à les irriter, pour mettre bas, quand leur fruit a reçu tout l'accomplissement qui lui est nécessaire, on ne peut douter que l'homme, qui est le plus parfait de tous les animaux, ne soit réglé par les mêmes loix. La nature ne manque jamais d'observer un tems limité, quand il est question de guérir une tumeur ou de finir une fiévre. Ses loix sont certaines & indubitables dans les crises, & les Médecins ont passé pour des Magiciens, qui ont remarqué les mouvemens avec le plus d'exactitude. La grossesse est une espéce de maladie; les accidens qui arrivent aux femmes grosses en sont comme les symptômes, & l'accouchement en est comme la crise & la fin. On ne dénie point à la femme les mouvemens fixes de la nature, quand il faut se défendre de quelque maladie qui l'opresse, il n'y a que dans la grossesse & dans l'accouchement qu'on lui refuse ces ordres invariables; & parce que l'on observe que les accouchemens arrivent en divers tems, par des causes étrangéres, qui les avancent ou qui les retardent; on est tellement prévenu là-dessus, que l'on prend l'ombre pour le corps & le hazard pour la nature, si bien que l'on ne peut revenir

…nir de ce que l'on s'est une fois imaginé, qu'il n'y a point de tems précis pour l'accouchement des femmes.

Au reste, puisque l'expérience nous montre que la plûpart des enfans naissent depuis les dix derniers jours du neuviéme mois, jusqu'aux dix premiers du dixiéme; c'est-à-dire, dans l'espace de vingt jours, & qu'ils vivent presque tous : que ceux qui naissent à sept ou huit mois, sont toûjours imparfaits ou valétudinaires, & que de vingt, il n'en vit pas trois : n'avoüera-t-on pas, que ces derniers naissent dans un tems que la nature n'a pas ordonné, & qu'ils sortent plutôt par quelque maladie des entrailles de leurs meres, que par les ordres secrets de cette admirable modératrice de l'Univers?

C'est sans doute ce qui obligea les Romains à déclarer illégitimes les enfans qui naissoient avant les neuf mois accomplis; & c'est ce qui par Arrêt du Parlement de Paris, fit débouter un pere de la succession de son enfant, bien qu'après être né il eût reçu le baptême.

Ceux qui ont fait de sérieuses réflexions sur les mouvemens de la nature dans les accouchemens des femmes, & que se sont long-tems apliqués à observer toutes les petites circonstances & de la grossesse & des couches, découvrent aisément la difficulté de cette question. Ils ont remarqué, comme j'ai fait dans les Hôpitaux & par tout ailleurs, que la nature conserve toûjours un tems fixe & déterminé, pour les accouchemens qui se font selon ses ordres, & que les enfans les plus accomplis & les plus temperés naissent toûjours dans les dix premiers jours du dixiéme mois, & le plus souvent à la même heure du jour qu'ils ont été faits; les autres naissent, comme je l'ai déja dit, depuis le vingtiéme jour du neuviéme mois, jusqu'au dixiéme jour du dixiéme mois; c'est-à-dire, depuis le deux cens cinquante-cinquiéme jour de leur conception, jusqu'au deux cens soixante & quinziéme, bien qu'il y en ait d'autres qui naissent quelquefois plûtôt ou plus tard, quand il y a quelque cause étrangére qui en
avan-

considéré dans l'état du Mariage. 171
avance ou retarde la naissance.

Je pourrois prouver cette vérité, par beaucoup d'histoires que m'ont fourni mes amis sur ce sujet, si je n'en avois de domestiques ; six enfans, que ma femme a faits, ont demeuré dans les flancs de leur mere, depuis les deux cens cinquante-sixiéme jour, jusqu'au deux cens soixante & dixiéme ; c'est-à-dire, qu'ils sont tous nés sur la fin du neuviéme mois, ou au commencement du dixiéme, si nous comptons les accouchemens par les mois de lune, comme le prétendent la plûpart de nos Médecins.

Mais la preuve incontestable de cette question ne peut être prise d'ailleurs que de la naissance de *Jesus-Christ*, qui a été le plus parfait de tous les hommes. *S. Augustin* nous aprend qu'il demeura dans le sein de la bienheureuse *Marie*, pendant deux cens soixante & treize jours, qui est le même-tems que l'Eglise a observé pour en célébrer la mémoire ; c'est-à-dire, qu'il nâquit dans le commencement du dixiéme mois.

P 3

Il est vrai qu'il y a quelques enfans qui naissent vers le dixiéme jour du septiéme mois, ou le dixiéme de l'onziéme mois ; mais les uns & les autres ne vivent pas long-tems ; ou étant nés contre les ordres de la nature, ainsi que nous l'avons dit, ils sont sujets à mille incommodités.

Si les enfans naissent dans une espace de tems si vaste, il n'en faut accuser que la différente & mauvaise façon de vivre des femmes ; le pays où elles demeurent ; la saison dans laquelle elles accouchent ; l'oisiveté dont elles joüissent ; la variété de leur tempérament ; les plaisirs déréglés qu'elles prennent avec les hommes pendant leur grossesse ; les passions & les maladies dont elles sont attaquées. Tout cela avance ou retarde leurs couches, & force la nature à suspendre ou à rompre le cours ordinaire de ses opérations ; ce qui n'arrive presque jamais aux autres animaux, qui vivent selon les loix de la nature.

On doit donc conclure de tout ce discours, que les bons accouchemens qui se font selon les ordres de la nature, arrivent le plus souvent dans l'espace de dix jours & rarement de vingt ; mais cela n'empêche pas que les enfans ne vivent quelquefois, & qu'en France ils ne soient estimés légitimes, lorsqu'ils naissent depuis les dix premiers jours du septiéme mois ; c'est-à-dire, depuis le cent quatre-vingt-septiéme jour de leur conception, jusqu'aux dix premiers jours de l'onziéme mois ; c'est-à-dire, jusqu'au trois cens cinquiéme jour ; tellement que devant ou après ce tems-là, j'oserois dire qu'on doit les estimer ou bâtards ou suposés. Et si la fille de *Jean Pellort*, Marchand de Lyon, étoit née quelques jours après les trois cens quatriéme jour de sa conception, jamais le Parlement de Paris n'auroit donné un Arrêt en sa faveur, par lequel il la déclaroit capable d'être héritiére de son pere. En effet, par un autre Arrêt, cette illustre Compagnie déclara illégitime un autre enfant, qui étoit né le douziéme jour de l'onziéme mois après la mort de son pere.

ARTI-

ARTICLE V.

Du devoir des Mariés.

APrès les travaux de l'enfantement, la femme ne se souvient plus des douleurs qu'elle y a souffertes, & ses vuidanges ne sont pas plutôt écoulées, qu'elle attaque derechef son mari & qu'elle lui livre amoureusement la bataille. Je ne doute point qu'elle n'y soit victorieuse comme auparavant, & qu'elle ne mérite d'être couronnée de myrrhe, comme l'étoient autrefois celles qui faisoient des conquêtes en amour. Et je ne doute point aussi qu'elle ne mérite cet honneur, elle qui attaque avec tant de courage, qui triomphe avec tant de gloire, & qui partage avec son antagoniste les fruits de sa victoire.

Elle revient incessamment à la charge, & ne dit jamais c'est assez. Ses parties naturelles deviennent de jour en jour plus ardentes & plus amoureuses,
plus

considéré dans l'état du Mariage. 175
plus inquiétes, plus inconstantes & plus susceptibles de lasciveté. En effet, elles sont un animal dans un autre animal, qui fait souvent tant de désordre dans le corps des femmes, qu'elles sont obligées de chercher le moyen de l'assouvir & de l'apaiser, pour l'empécher de leur nuire.

Le mari rend donc exactement à sa femme ce qu'il lui doit, & la femme ce qu'elle doit à son mari. Si ce devoir manque du côté du mari, la femme devient de mauvaise humeur & lui fait adroitement connoître le chagrin qu'elle conçoit de n'être pas aimée, si bien que l'on doit dire que les caresses conjugales sont les nœuds de l'amour dans le mariage & qu'elles en sont véritablement l'éssence.

Mais il y a des occasions où un homme ne commet point de crime contre les loix de l'Ecriture ni de la société, lorsqu'il refuse ce plaisir à sa femme.

Si s'incommoder pour plaire à quelqu'un, est une faute contre sa santé, selon le sentiment des Médecins, au moins,

moins, si l'incommodité est tant soit peut considérable ; peut-on fournir tous les jours aux voluptés déréglées d'une femme, lorsque la vûë se diminuë, que le sommeil se perd, que l'estomac & la tête se ruinent, & que les jambes s'affoiblissent ? Un homme n'est guéres en état de faire son devoir à l'égard des affaires domestiques & étrangéres, après s'être épuisé dans l'excès des voluptés conjugales. Les moindres incommodités qui viennent de l'excès de ces plaisirs, le dispensent absolument de ce qu'il doit en cela à sa femme. En user autrement, c'est pécher contre soi-même, s'attirer de grandes maladies & une vieillesse prématurée.

Ceux-là sont bien plutôt dispensés de ce devoir, qui sont tombés une seule fois dans les maladies qui attaquent les parties nécessaires à la vie ; & quand même ils n'y auroient que de legéres dispositions, cela devroit les empêcher de caresser leur femme. Les maladies du cerveau, de la poitrine, & des extrêmités du corps, qui sont périodi-

périodiques, doivent encore les exempter de ce devoir, à moins qu'ils ne veuillent que le plaisir ne soit la cause de leur misére,.

L'homme a bien plus d'occasion que la femme de s'excuser sur le devoir du mariage. C'est lui qui dans les caresses conjugales agit presque tout seul, & qui semble par ses mouvemens précipités se hâter de voir la fin de ses plaisirs, pour les renouveller une autre fois : comme si la nature étant chargée d'un homme, vouloit par l'excès des voluptés nous ôter la pensée de ce que nous y faisons de principal, pour s'en réserver toute la gloire à elle-même.

Il n'en est pas de même de la femme qui ne fait que souffrir les caresses d'un homme dans une posture aisée ; il ne se trouve guéres d'obstacles de son côté qui la puisse dispenser de ce qu'elle doit à son mari. La maladie n'est pas une cause assez légitime pour cela. Elle en souffre même quelques-unes qui ne se guérissent que par l'amour ; & les remédes des Médecins sont souvent
trop

trop foibles pour les dompter. *Priape*, fils du vin & de l'oisiveté, a bien plus de pouvoir & de force que nos drogues ; son autorité est plus souveraine, & son reméde est beaucoup plus efficace que l'*Armoise*, le *Karabé*, les *Testicules de Castor*, & tous les autres remédes que l'antiquité a inventés pour ces sortes de maladies.

 Nous remarquons tous les ans dans les bêtes, que la nature fait dans leurs corps une fermentation & une agitation d'humeurs, & qu'elle envoye à leurs parties naturelles du sang, des esprits & de la matiére qui les y chatouillent. Cette matiére dans les bêtes est, par raport aux femmes, ce que nous apellons les régles. Si bien qu'il ne faut pas s'étonner si les bêtes cherchent alors plutôt qu'en un autre tems, le mâle que la nature leur a montré être le souverain reméde à leurs tourmens. C'est la raison pour laquelle la plûpart des femmes sont plus amoureuses lorsque leurs régles commencent à couler ; car le sang & les esprits se portant précipitamment à leurs parties

considéré dans l'état du Mariage. 179
ties naturelles qui en sont échauffées elles cherchoient en ce tems-là dequoi se satisfaire, si la loi du Vieux Testament ne punissoit de mort les hommes qui les touchent en cet état. On doit pourtant en quelque façon pardonner à l'excès de l'amour du beau sexe; il a alors plus de feu & d'empressement pour aimer qu'en tout autre tems, pourvû toutefois qu'il se porte bien; mais un homme n'est pas innocent quand il commet cette indécence.

J'avouë que l'un & l'autre ne sont point ordinairement incommodés quand ils se caressent pendant les régles; il n'y a que la femme qui perd un peu plus de sang qu'elle ne seroit; mais l'homme n'en ressent aucun dommage. Tous les désordres de ses conjonctions impures ne tombent que sur l'enfant qui en est engendré. Car souvent il meurt avant que de vieillir, ou passe toute sa vie dans une langueur continuelle.

Il en est à peu près de même des vuidanges de l'accouchement. Ce que la

Q mere

mere & l'enfant ont refusé, comme inutile pendant la grossesse, cela même se purge peu-à-peu quinze ou vingt jours après les couches. Si un homme caresse sa femme avant ce tems-là, il la met en danger de perdre la vie, ou de passer malheureusement sa grossesse, si elle devient grosse peu de tems après être accouchée ; car les ordures qui doivent couler par ces lieux, demeurant dans son corps, infectent & la mere & l'enfant à venir. C'étoit sans doute sur cela qu'étoit fondée la loi de l'Ancien Testament, qui ne permettoit à aucun homme de toucher une femme que trente jours après avoir fait un garçon, & soixante après avoir fait une fille.

Il y a beaucoup plus de difficulté à sçavoir, si une femme grosse peut manquer à ce qu'elle doit à son mari. Les sentimens sont partagés là-dessus. Quelques-uns veulent que l'on puisse baiser aussi vigoureusement une femme lorsqu'elle est grosse, que lorsqu'elle est vuide. J'en prens à témoin *Julie*, fille de l'Empereur *Auguste*, qui étant grosse

grosse voulut persuader aux gens, que l'on ne faisoit point tort à son mari de faire passer d'autres hommes dans sa barque, lorsqu'elle étoit chargée de marchandises humaines, pour me servir de la pensée de cette femme. Les autres ont tant de scrupule dans cette occasion, qu'ils s'imaginent que l'on commettroit un grand crime si l'on caressoit une femme grosse, & que l'on contribueroit à la perte de son enfant.

Pour décider cette question, on n'a qu'à observer ce qui se passe dans la nature parmi les bêtes, & on y verra que les cerfs, les taureaux, les béliers, & quelques autres animaux, ne touchent plus leurs femelles, quand elles sont une fois pleines. Les accidens fâcheux que nous avons remarqué ci-dessus pouvoir arriver à une femme grosse qui reçoit les caresses de son mari, sont des causes légitimes pour empêcher un homme de caresser sa femme. De fausses-couches peuvent arriver, par un flux de sang que les agitations amoureuses excitent ; une superfétation peut survenir ; un faux-germe ou un fardeau peut suffoquer l'enfant, comme *Riolan* nous témoigne l'avoir vû. En un mot, ces accidens peuvent ôter la vie à la mere & à l'enfant. Au contraire, les accouchemens seront plus libres, si l'on ne touche point une femme pendant sa grossesse, & les enfans, selon la pensée d'*Hypocrate*, ne naîtront pas avant le terme.

 Ce furent sans doute ces raisons qui empêchérent le sage Empereur de *Constantinople, Isaac Comméne*, de toucher sa femme après qu'elle eût conçu : & quoique ses Médecins le lui conseillassent pour la conservation de sa santé, il n'en voulut pourtant rien faire préférant ainsi la santé de deux personnes à la sienne propre. C'étoit même une loi parmi quelques peuples payens, si nous en croyons *S. Clément*, de ne connoître jamais une femme grosse.

 J'en dis autant des nourrices, qui ne peuvent rendre sans danger ce qu'elles doivent à leurs maris. Car quelle aparence qu'un lait soit bon, si la mere a des dégoûts & des vomissemens

con-

continuels, si elle est épuisée par les plaisirs de l'amour, qui échauffe & qui corrompt le lait, par la chaleur excessive de ces mêmes plaisirs; & si elle a les autres incommodités, qui arrivent ordinairement aux femmes grosses, & qui infectent le lait d'une mauvaise odeur quand elles sont caressées. Cependant si une nourrice devient grosse d'un même homme, si elle n'est guéres malade au commencement de sa grossesse, & que d'ailleurs elle soit vigoureuse & sanguine, je ne vois pas de raison qui puisse l'empêcher de rendre ce qu'elle doit à son mari, & même d'allaiter son enfant durant les deux ou trois premiers mois de sa grossesse. Car l'enfant qu'elle porte dans ses entrailles étant alors fort petit, n'a pas besoin d'abord de beaucoup d'aliment. Il y a même des femmes qui se portent beaucoup mieux, si elles allaitent alors, que si elles conservoient toutes leurs humeurs pour l'enfant qu'elles ont conçu. Ces humeurs qu'elles ont en abondance peuvent suffoquer le petit enfant qu'elles portent dans leur sein, si elles ne sont épanchées pour d'autres usages. C'est pourquoi nous sommes quelquefois obligés de faire saigner ces personnes-là, pour les décharger de l'abondance de leur sang & les faire ensuite accoucher plus heureusement.

❋❋❋❋❋❋❋❋❋❋❋❋❋❋❋❋❋❋❋❋

ARTICLE VI.

Du tems où les hommes & les femmes cessent d'engendrer.

LE monde est plein de productions. Il s'en fait par tout, jusques dans les entrailles de la terre. C'est le seul moyen qui fait subsister toute la liaison de ce grand Univers. Les hommes qui en font l'ornement, ne manquent point, de leur côté, à faire de continuelles générations. Depuis l'âge de discrétion jusqu'à la vieillesse, ils s'employent incessamment à cet amoureux commerce, comme s'ils avoient en vûë d'éterniser la nature humaine, plutôt que de conserver leur vie & leur
santé.

santé. Car il est certain que les plus lascifs & les plus voluptueux sont ceux qui vivent le moins. Les passereaux qui aiment si éperduement leurs femelles, ne vivent que trois ou quatre ans ; la chaleur naturelle qui s'épuise par l'amour leur manquant avant le tems, les fait aussi finir plutôt. C'est pour cela que les Peintres voulant marquer une Voluptueuse, ont fait tirer par des Passereaux le char où *Sapho* étoit representée comme en triomphe.

Nous avons ci-dessus observé le tems où les hommes & les femmes commençoient à engendrer ; il faut presentement examiner celui où ils finissent.

Quoique les Médecins prolongent le tems de la premiére vieillesse jusqu'à 65 ans, & qu'ils croyent qu'un homme puisse engendrer ordinairement jusqu'à cet âge-là, cependant les Jurisconsultes se restraignent à l'âge de 60 ans, après quoi ils prétendent qu'un homme soit impuissant ; c'est pourquoi ils en ont fait une loi expresse. En effet, c'est alors que l'amour nous abandonne,

ne, & bien que dans le fond du cœur nous le conservions toûjours jusqu'à la mort, il ne se fait pourtant que fort rarement connoître dans nos parties naturelles après cet âge-là. La vieillesse nous glace, & nous n'avons presque plus de chaleur & d'esprits que pour nous conserver, bien loin d'en avoir pour en donner à un autre.

Il ne nous faut avoir que la pensée des plaisirs passés du mariage, quand nous sommes vieux, pour exciter le mouvement de notre cœur & pour multiplier notre chaleur naturelle & nos esprits. Il n'y a ni feu, ni coussins ni peaux d'animaux qui nous échauffent, comme les pensées & les réflexions que nous faisons sur les amours de notre jeunesse. Le corps d'une fille de quinze ans est encore plus efficace; quand nous l'apliquons au nôtre, il nous communique sa chaleur, qui est de la même espéce que celle que nous avons; & l'expérience de David nous fait bien voir qu'il n'y a point au monde de meilleur reméde que celui-là. Mais les pauvres filles ne durent pas long-

long-tems. Elles donnent aux vieillards ce qu'elles ont de doux & d'agréable, & prennent pour elles ce qu'ils ont d'âpre & de fâcheux. Ces aproches innocentes dans un âge si avancé ne doivent pas pourtant obliger un vieillard à careſſer amoureuſement une fille ; & je ne ſçai ſi le bon Roi David ne paſſa point les bornes de la bienſéance, quand il tenoit entre ſes bras la belle *Abiſag*, puiſque l'Hiſtorien nous aprend qu'il mourut bien-tôt après.

La nature a ſes mouvemens réglés & ſes productions déterminées, ainſi que nous l'avons prouvé ci-deſſus ; & s'il ſe trouve quelques exemples d'hommes vieux qui ayent fait des enfans à l'âge de ſoixante & dix, de quatre-vingt ou même de cent ans, ils ne nous doivent pas ſervir de régle pour établir la fin de la génération dans les hommes.

C'eſt un prodige de ce que l'on nous raporte, que M. le Duc de *Saint Simon*, qui vit encore, a fait un enfant à l'âge de ſoixante & douze ans, que le Roi
&

& la Reine ont tenu sur les fonts du baptême. On m'écrit de Paris, dans le tems que je retouche ce livre, que ce prétendu garçon ayant douze ou treize ans, avoit eu des effusions qui font distinguer les hommes des femmes, & que la Matrône après l'accouchement de la mere, s'étoit lourdement trompée en ne distinguant pas bien le sexe. C'est un autre prodige, ce que nous dit *Valére Maxime*, que *Massanissa*, Roi de Numidie, engendra *Methymnate*, après quatre-vingt-six ans. C'en est un autre, ce que nous aprend *Æneas Silvius*, d'*Uladislas* Roi de *Pologne*, qui fit deux garçons à l'âge de quatre-vingt-dix ans. C'en est encore un autre beaucoup plus grand, ce que nous raconte *Félix Platérus*, de son grand-pere, qui engendra à l'âge de cent ans. Et enfin ce que nous dit *Massa*, est encore quelque chose de plus incroyable là-dessus, qu'un homme de soixante & dix ans fit un enfant à sa femme de 60 ans, qui vint au monde sans avoir toutes les parties accomplies, & nâquit le quinziéme mois de sa conception.

Il n'en est pas de même à l'égard des femmes. Elles ont un tems plus limité & plus court que les hommes. Si une fois les régles les abandonnent lorsqu'elles sont un peu âgées, elles cessent en même-tems d'engendrer. C'est pour cela que la loi a déterminé aussi judicieusement un tems à l'égard des femmes qu'à l'égard des hommes. Elle estime les accouchemens prodigieux qui se font après l'âge de 50 ans, & n'admet point les enfans pour légitimes qui naissent après ce tems-là ; parce que, selon le sentiment des Médecins, les régles cessant aux femmes environ à l'âge de 45 ou 50 ans, il est impossible qu'il se puisse naturellement engendrer un enfant, si la femme manque de choses nécessaires à le former & à le nourrir.

Cependant si après cet âge-là il se trouve encore quelques femmes vigoureuses qui puissent avoir leurs régles, je ne doute point que l'on ne fit une grande injustice à un enfant qui en naîtroit, si on le privoit du bien de ses parens. Ce fut sans doute la seule raison qui

qui obligea l'Empereur *Henri* de faire accoucher sa femme, âgée de cinquante ans, à la vûë de tout le monde, pour ôter le soupçon que l'on auroit pû avoir de son accouchement.

Ainsi, bien que la loi soit établie pour les termes des productions des hommes qui arrivent le plus souvent, il peut cependant naître des occasions où elle ne doit pas avoir lieu, pourvû que les hommes ayent de la vigueur & que les régles ne manquent point aux femmes. Car on ne sçauroit faire une loi juste, qu'elle ne pût causer quelquefois du dommage à quelques particuliers ; & parce qu'elle est générale, il se trouve des occasions où elle ne favorise pas tout le monde.

considéré dans l'état du Mariage. 191

CHAPITRE IV.

Quel tempérament est le plus propre à un homme pour être fort lascif, & à une femme pour être fort amoureuse.

POur expliquer le mélange & la composition des mixtes qui se rencontrent dans l'Univers & qui ont tous un tempérament différent, les Philosophes se sont servis de deux moyens. Les uns ont considéré la matière qui les formes ; ils en ont observé la figure, la grandeur & la liaison, & se sont imaginés, comme ont fait *Démocrite* & *Descartes*, qu'ils en expliqueroient suffisamment la nature par les atômes qui les composent. Les autres, comme *Hypocrate* & *Aristote*, se sont persuadés que la matière des mixtes ne pouvoit être sans qualité, & que le toucher étant le juge des premiéres & des secondes qualités, ils pourroient aussi par-là en faire mieux connoître la nature. *Aristote* apelle les secondes qualités des

Tome I. R *effets*

effets corporels ou des conditions matérielles, que je pourrois nommer des qualités de la matiére. Il en a fait de deux fortes; les unes actives, comme la puissance d'endurcir, de ramôlir, d'épaiffir, &c. & les autres paffives, qui font des effets de cette même faculté; comme est la dureté, l'épaiffeur, la ténuité, &c.

De ce corps, ainfi compofé de matiéres & de qualités, pour parler avec ces derniers Philofophes, il naît une autre qualité, que l'on peut nommer, avec *Gallien*, propriété de la fubftance; avec *Villefine*, qualité du mélange de la matiére, ou enfin avec d'autres qualités ocultes, qui eft à proprement parler, l'effence & le tempérament du mixte. Si bien que l'on peut dire, que le tempérament n'eft autre chofe qu'une qualité, qui réfulte du mélange de la matiére & des qualités des élemens. Car comme plufieurs voix différentes font une mélodie quand elles font bien mélées, tout de même ces matiéres & ces qualités bien contraires, fe lient fi étroitement les unes aux autres pour faire un tempérament, que l'on ne fçauroit

considéré dans l'état du Mariage. 193

oit les discerner, tant il est vrai de dire que le tempérament est une union & un ordre des choses qui sont incessamment oposées entr'elles.

Il y a beaucoup de choses à observer dans la composition des corps; mais il y en a peu que nous puissions clairement connoître. J'avouë que nous sçavons qui en est l'auteur, que nous voyons tous les jours ses ouvrages & que la matière nous en est sensible; mais qu'il est difficile de concevoir comment par un peu de semence, pour me renfermer dans l'exemple de la formation de l'homme, il se peut faire une si grande variété de tempéramens!

Ceux qui veulent s'élever dans ces sortes de connoissances par-dessus le reste des hommes, sont obligés d'avoüer, après avoir bien cherché, qu'ils en sçavent moins que les enfans, & que le tempérament des hommes qu'ils examinent est si difficile à comprendre qu'ils sont contraints de dire qu'on ne le peut connoître qu'en gros.

Les Médecins admettent quatre sortes

tes de tempéramens où une seule qualité prend le dessus, & ils en comptent aussi quatre autres, qu'ils apellent composés, où deux qualités sont manifestes. Les premiers tempéramens sont rares, & il ne se trouve presque jamais de qualité qui ne soit accompagnée d'une autre qui ne lui est pas ennemie. Quelques-uns ajoutent un neuviéme tempérament, qu'ils apellent égal ou tempéré, où il n'y a point de qualité qui se surpasse l'une l'autre : mais parce que l'on ne le rencontre point dans les hommes, & que les matiéres & les qualités des élémens ne sont pas mêlées ensemble si justement qu'il n'y en paroisse quelqu'une qui domine, nous ne parlions point de celui-ci, qui n'a été inventé dans les Ecoles que pour servir de régle aux autres.

Pour expliquer mieux les tempéramens des hommes, les Médecins ont attribué les matiéres & les qualités des élémens à chaque humeur du corps. Ils ont dit que la bile étoit chaude & séche comme le feu; que la mélancolie étoit froide & séche comme la terre ; que la
pituite

pituite étoit froide & humide comme l'eau; & qu'enfin le sang étoit chaud & humide comme l'air.

ARTICLE I.

Quel tempérament doit avoir un homme pour être fort lascif.

APrès avoir expliqué en général les tempéramens des hommes, il faut présentement descendre dans le particulier & examiner quel tempérament doivent avoir les deux sexes pour être fort lascifs. A voir ce jeune homme de vingt-cinq ans, on le prendroit pour un Satyre, qui cherche incessamment par tout de quoi assouvir sa passion. Toutes les femmes lui sont agréables dans l'obscurité; il n'en refuse aucune, quelque laide qu'elle soit, & il est toûjours en état de la satisfaire. Sa raison n'est pas capable de retenir ses emportemens amoureux, & son tempérament est trop bouillant pour souffrir qu'elle en soit la maîtresse. Jusques-là même, qu'il est si amoureux &

si lascif, que si le Magistrat veut lui accorder la permission d'épouser la statuë de la Fortune, qu'il aime avec excès, il le fera publiquement, comme fit une autre impudique qui caressa la statuë de *Venus Gnidienne*, faite par *Praxitelle*.

Il est vrai que tout favorise son tempérament & ses voluptés déréglées. Rien ne lui manque dans la vie : s'il y a au monde des alimens succulens & des breuvages délicieux, ils sont pour lui. Parce qu'il est incessamment dans la bonne chére, son ventre est toûjours plein, & ses parties amoureuses, qui n'en sont pas fort éloignées, sont aussi toûjours enflées de leur côté, selon la remarque de *S. Jérôme*, si bien que les bons alimens & l'excellent vin contribuent beaucoup à sa lasciveté. C'est sans doute de-là qu'est venu ce beau proverbe Latin, qui n'a point de grace si on le traduit en notre langue : *sine Cerere & Baccho friget Venus*. En effet, tout est glacé dans l'amour, sans ce qui est marqué par le pepin de raisin & par le grain de froment, qui sont des figures

res bien faites des parties naturelles de l'homme & de la femme

L'oisiveté est une des sources de l'amour deshonnête, & la Fable n'a marié *Mars* avec *Vénus*, & n'a fait *Priape* fils de *Bacchus* & de *Vénus*; c'est-à-dire, qu'elle n'a joint l'oisiveté avec *Mars* & *Bacchus*, que pour cette raison. Aussi trouve-t-on dans les armées beaucoup plus de désordres amoureux que dans tout un Royaume, parce que les soldats ne sont pas toujours occupés à la guerre.

La région & le climat ne contribuent pas peu à la lasciveté des hommes, nous voyons plus de chaste à *Stockolm*, qu'à *Séville* ou à *Naples*, villes où souvent il naît des Monstres, qui sont les effets d'un amour abominable. L'histoire que nous fait *S. Augustin* est une preuve de ce que j'avance. Le Gouverneur d'Antioche, dit-il, pressoit un jour un Marchand de lui donner une livre d'or; cet homme au désespoir de ne se pas trouver en état de le satisfaire, le communiqua à sa femme, qui pour mettre son mari hors de peine,

lui

lui demanda permission de se pros[ti]
tuer à un riche Marchand qui la pri[t]
d'amour il y avoit quelques jours. E[lle]
espéroit par ce moyen assouvir l'avi[di]
té du Gouverneur & tirer son mari [de]
l'embaras où il se trouvoit, en rec[e]
vant de cet homme une pareille so[m]
me d'or. Le mari y consent; la femm[e]
se prostitue, & le Marchand au lieu [de]
lieu donner une livre d'or, comme i[ls]
étoient convenus, lui fit donner u[ne]
livre de terre. La femme fort surpri[se]
de cette infidélité, porta ses plaint[es]
au Gouverneur, qui fit payer au Ma[r]
chand ce qu'il avoit promis à la femm[e.]

Un homme donc qui sera ému pa[r]
toutes les causes de lasciveté, dont j[e]
viens de parler, & qui d'ailleurs e[st]
d'un tempérament chaud & sec, laisse[
]ra le plus souvent agir sa passion indis[
]crette sans vouloir la modérer. Car il [a]
le cœur si échauffé, qu'il pousse san[s]
cesse un sang extrêmement chaud[,]
subtil & plein d'esprits dans toutes le[s]
parties du corps qu'il enflâme; & so[n]
pouls agité en est un signe & un effe[t]
tout ensemble. Il paroît plus ferme &
plus

plus fréquent quand on le touche. C'est par-là qu'un *Hypocrate* connut l'amour déréglé de *Perdiccas* pour *Philé*, maîtresse de son pere.

Son foye, qui est la partie où l'amour a établi son siége, selon la pensée de *Galien*, est plein de feu & de souffre, & le corps à qui il communique incessamment ses humeurs, est tout jaune par la bile qu'il engendre. Cette chaleur excessive épaissit son sang, & le rend épais & mélancolique ; si bien que par cette qualité il conserve plus long-tems la chaleur qui lui a été communiquée ; & comme le liévre est le plus mélancolique de tous les animaux, il en est aussi plus lascif.

Le cerveau de cet homme n'a pas assez de froideur pour tempérer l'ardeur de son cœur & de son foye : il est presque tout desseché par le feu de l'amour, & il n'a pas plus de cerveau que cet impudique *Triacleur*, dont on fit depuis peu la dissection.

Ses reins, où l'Ecriture met le siége de la concupiscence, sont si chauds, qu'ils enflâment les parties voisines,

la

la chaleur dilate les vaisseaux spermatiques & y fait aussi couler la semence plus abondamment. Si bien qu'un homme amoureux de la sorte, n'auroit point de honte de se faire servir à table par des filles nuës, ainsi que faisoit l'Empereur *Thibére*, ni de se faire traîner en public par d'autres filles nuës, comme faisoit l'infame *Héliogabale*.

Si nous considérons maintenant cet homme par le dehors, on diroit qu'il vole quand il marche; son embonpoint ne l'embarasse guéres; il suffit qu'il soit charnu & nerveux, pour être agile & lascif tout ensemble. Sa taille est médiocre, sa poitrine large, sa voix forte & grosse ; la couleur de son visage est brune & bazanée, mêlée d'un peu de rouge; & si on le découvre, sa peau ne paroîtra pas tout-à-fait blanche; ses yeux sont brillans & bien ouverts; son nez est grand & aquilin ; ses bras sont garnis de veines, qui renferment un sang subtil & pétillant. Si on le touche, on s'imagine mettre la main sur du feu. Sa peau est si rude & si séche, que le poil qui la couvre presque par-tout, ne

fait

fait que l'adoucir un peu. Ses cheveux font durs, noirs & frifés : il n'a garde de fe les faire couper, fur ce qu'il a oüi dire des *Auvergnacs*, que pour avoir plus de bétail, ils ne coupoient jamais la laine de leurs brebis, ni les crins de leurs chevaux ; parce qu'ils ont remarqué, par expérience, qu'il fe fait par-là une diffipation d'efprits qui s'opofe à la lafciveté & à la génération. Sa barbe, qui eft un figne de l'admirable puiffance de faire des enfans, marque la force & la vigueur de fa complexion ; elle eft épaiffe, noire & dure. Ses parties naturelles font comme enféveliés dans le poil ; & fi la nature s'eft hâtée à y en faire naître dès l'âge de 13 ou de 14 ans, ce n'a été que pour donner des marques d'une lafciveté défordonnée qui fe manifefte dans le tems.

Il eft certain, felon que les naturaliftes le remarquent, que les oifeaux qui ont le plus de plumes, aiment le plus éperdument leurs femelles, parce qu'ils ont beaucoup plus d'excrémens vaporeux. Ainfi les hommes qui ont le plus de poil, font les plus amoureux, leur
lu-

humidité étant vaincuë par l'excès d'une chaleur qui n'est pourtant pas capable de les rendre malades.

C'est cette même chaleur qui desséche le cerveau & le crâne des hommes lascifs, & qui les fait promptement devenir chauves: car comme ils manquent à la tête de vapeurs terrestres dont les cheveux sont produits, & que d'ailleurs les cheveux ne peuvent percer une peau dure & séche, comme l'ont ceux qui sont d'un tempérament chaud & sec, on ne doit pas s'étonner s'ils deviennent chauves, & si cette chauveté s'augmente tous les jours par l'usage des femmes. C'est ce qui attira sur *Jules César* cette raillerie piquante, que l'on publia à Rome lorsqu'on l'y menoit en triomphe: *Romani, servate, uxores, mœchum calvum adducimus.* Ajoûtés à cela, que cet Empereur fut si amoureux & si lascif, qu'il changea quatre fois de femmes légitimes; qu'il dépucela *Cléopâtre*, dont il eut *Césarion*; qu'il aima éperdûment *Eunoé*, Reine de Mauritanie; qu'il caressa *Posthumia*, femme de *Servius Sulpitius*, *Lollia*, femme de *Gabinius*;

nius; *Tertulla*, femme de *Crassus*; *Murcria*, femme de *Pompée*; & *Servilia*, sœur de *Caton* & mere de *Marcus Brutus*. De plus, si cet homme lascif a perdu une jambe, il s'aquitera beaucoup mieux qu'un autre de son devoir auprès de sa femme; parce que les parties mutilées ne recevant point d'aliment, le sang s'arrête dans les parties de la génération & les rend plus fortes & plus lascives que dans les autres hommes.

Cet homme dont nous venons de faire le portrait, est d'un tempérament si chaud & si amoureux, qu'il auroit beau avoir la vertu des personnes les plus saintes, sa nature lui donnera toujours une pente à l'amour des femmes; on auroit plutôt éteint un grand feu avec une goute d'eau, & l'on obligeroit plutôt un fleuve rapide à remonter vers sa source, que de corriger l'inclination de cet homme. Cette passion déréglee qui lui échauffe incessamment l'imagination, est la cause de tous les désordres de sa vie; c'est un apétit qui s'arme avec violence contre sa raison, & qui détruit à toute heure ce beau présent que Dieu lui a fait. En un mot, c'est une maladie habituelle, qui ne s'empare ordinairement que des ames foles, qui se laissent éblouïr par la beauté de quelque femme. Les Rois & le vin sont bien puissans; mais à dire le vrai, la femme l'est encore plus, & il faudroit que Dieu fît un miracle si on vouloit que cet homme-là corrigeât son humeur amoureuse. Quand on s'abandonne trop molement aux plaisirs du mariage, selon la pensée de *S. Augustin* dans ses Confessions; ces plaisirs deviennent coûtume, & cette coûtume nécessité.

Son ame, qui est aussi éprise d'amour que son corps est échauffé, rend sa passion sans exemple. Il ne voit pas plutôt une femme un peu découverte, que ses parties naturelles en sont émuës; & il ne l'a pas plutôt observée avec réfléxion, que cet objet fait autant d'impression sur lui, que le fouet en faisoit sur cet autre, dont on nous raconte, qu'il ne caressoit jamais plus ardemment une femme, que lorsqu'on le fouettoit le plus cruellement.

Mais quand ce feu sera un peu apaisé par la froideur de l'âge, l'amour qui agite à cette heure cet homme, lui donnera en ce tems-là de l'esprit & de l'agrément ; mais il n'étouffera pas entiérement la flâme qu'il a nourrie dans son sein ; au contraire, elle sera plus violente qu'autrefois. Ce sera alors un feu allumé dans du fer qui conservera plus long-tems sa chaleur ; & cette bile qui étoit autrefois la source de tous ses emportemens amoureux, se changera peu-à-peu en une humeur épaisse & mélancolique, qui seroit encore la cause de ses voluptés déréglées, si ses parties étoient alors en état de lui obéir.

Il est donc véritable, par tous les signes que nous venons de raporter, que les hommes qui sont d'un tempérament chaud & sec, bilieux ou mélancolique, sont les plus lascifs. Ils ne manquent ni d'apétit naturel, ni de mouvemens de concupiscence : ils ont en abondance de la matiére & des esprits vaporeurs, qui disposent incessamment leurs parties naturelles à se joindre amoureusement à une femme. Et si ceux qui sont d'un tempérament chaud & humide, que nous apellons sanguins, aiment plus éperdûment que ces autres, cependant leur semence n'est pas accompagnée d'une qualité si âpre, qui les chatouille à toute heure & qui les rend ainsi plus amoureux. *Péricles* étoit du nombre de ces derniéres personnes, puisqu'il épousa une Courtisane, après s'être enquis de sa vie passée. Il y a des Suisses & des Allemands qui en font de même aujourd'hui, & la plûpart s'en trouvent bien.

ARTICLE II.

Quel tempérament doit avoir une femme pour être fort amoureuse.

L'Amour embrase tellement le cœur d'une jeune fille qui aime l'oisiveté, les louanges, les habits somptueux, les festins & les discours d'amourettes, qu'enfin elle succombe à ses apas, & qu'elle ne peut se défendre de de ses atteintes. Elle y a même d'ailleurs une pente & une inclination naturelle; car si on la considére par le dehors, sa taille est médiocre, son marcher chancelant & badin, & son embonpoint modéré. Elle est brune, & ses yeux étincelans sont des marques d'une flâme cachée. Sa bouche est belle & bien faite, mais un peu grande & séche; son nez un peu camus & retroussé; sa gorge est grosse & dure; sa voix forte & ses flancs bien ouverts. Ses cheveux sont noirs, longs & un peu rudes; & dès l'âge d'onze ou de douze ans, elle s'aperçut que le poil sortoit à ses parties naturelles & qu'il y excitoit déja des émotions amoureuses. Ce fut alors que la chaleur de son tempérament bilieux avança ses régles & lui fit faire des démarches deshonnêtes pour son sexe; si bien qu'il ne faut pas s'étonner si elle continuë encore presentement son commerce indiscret.

Plus le sang & les esprits coulent dans une partie que la douleur ou la volupté irrite, plus il s'y fait de violentes fluxions. D'abord cette jeune fille n'én'étoit qu'émuë dans ses embrassemens amoureux, à cette heure que les conduits sont fort ouverts, & qu'ils portent abondamment du sang & des esprits à ses parties naturelles, dès la moindre petite émotion amoureuse, sa passion est si violente qu'elle ne sçauroit la modérer. Les avis de ses parens sont vains, les régles de la pudeur & de l'honnèteté sont inutiles, & les réfléxions qu'elle y peut faire ne sont plus de saison. Il n'y a point de lieu pour la vertu ni pour la tempérance, quand la passion domine & que notre tempérament nous force à aimer : témoin *Bonne* de Savoïe, femme de *Galeas Sforce*, que l'on ne put jamais faire revenir de son impudicité.

L'on épuiseroit plutôt la mer, & l'on prendroit plutôt les astres avec les mains, que de rompre les mauvaises inclinations de cette jeune fille. Sa nature, sa beauté, sa santé & sa jeunesse sont de grands obstacles à sa pudicité, & tout cela lui a servi de bon maître pour lui aprendre à aimer tendrement. Il lui semble qu'elle a de la confusion
&

considéré dans l'état du Mariage. 209
& qu'elle fait quelque chose contre la bienséance, quand elle refuse un jeune homme bien fait qui la prie de bonne grace. Et si par hazard elle paroît quelquefois le refuser, par quelque pudeur du sexe qui lui reste encore, c'est alors qu'elle en a le plus d'envie & qu'elle s'abandonneroit avec le plus de passion. Elle ressent dans elle-même un apétit secret pour se lier amoureusement à un homme, & il semble que la côte dont sa première mere lui a laissé une petite partie, veuille incessamment, par un instinct naturel, se joindre à la personne dont elle a été séparée, & qu'elle veuille imiter *Eve*, après sa création, qui ne mangea & ne but qu'après avoir été caressée de son mari. Il n'y a point d'excès d'amour où cette jeune fille ne se porte; & son imagination est si échauffée par les objets, que si elle manque quelquefois d'occasion pour se satisfaire, elle tombe au même instant dans une fureur d'amour que l'on ne peut corriger qu'avec peine. C'est alors que ses discours sont impudiques & ses actions lascives, &

qu'elqu'elle cherche avec les yeux ; quand la maladie lui en permet l'usage, quelque personne capable de la guérir.

Cette fureur amoureuse vient souvent à tel point, qu'elle la force à solliciter un homme de l'embrasser tendrement & à se prostituer même au premier venu. Mais si par hazard elle devient grosse, tout se calme chez elle, & ses parties amoureuses sont alors comme assouvies, ainsi qu'il arriva à cette femme, quoique vertueuse, dont *Mathieu de Gradis* nous raporte l'histoire.

Au reste, toutes les femmes amoureuses ne sont pas semblables ; l'on en voit d'agiles, d'inconstantes, de babillardes, de hardies ou d'inquiétes. D'autres paroissent mornes, solitaires, timides ou languissantes. Il s'en est trouvé qui n'ont pas eu de honte de publier ce que les autres cachent avec tant de soin. *Suétone* nous aprend que *Thibére* fit peindre autour de sa sale toutes les postures lascives qu'il avoit tirées du livre de la Courtisane *Elliphaëtis*. On en a vu d'autres, qui craignant

les

les suites fâcheuses de l'amour, se divertissoient avec des filles, comme si elles eussent été des hommes ; c'est ce que le Poëte *Martial* reproche aigrement à *Bassa*. On sçait encore que *Megile* méritoit le même reproche : & que *Sapho* Lesbienne, avoit chez elle quantité de servantes pour un pareil divertissement.

Si nous en voulons croire *S. Jérôme*, & après lui *S. Thomas*, une fille desire avec plus de passion qu'une femme d'être caressée d'un homme, parce, disent-ils, qu'elles n'a jamais goûté les plaisirs que cause une conjonction amoureuse, & qu'elle s'imagine qu'ils sont tout autre qu'ils ne sont. Mais l'expérience que ces deux grands hommes n'avoient point, nous fait voir tout le contraire ; & nous sçavons qu'une femme qui sçait ce que c'est que de l'amour, a beaucoup plus de peine qu'une fille à se garantir de ses attraits. J'en appelle à témoin la Reine *Sémiramis*, qui après avoir pleuré la mort de son mari, se prostitua à beaucoup de personnes, & qui pour cacher ses dé-

for-

sordres amoureux, fit bâtir quantité de Mausolées pour enterrer tout vivans ceux avec qui elle avoit pris des plaisirs illicites, afin que son impudicité fut cachée aux yeux des hommes.

On dit qu'une femme stérile est plus amoureuse qu'une femme féconde; & l'on ne manque point de raisons là-dessus; car si on considére l'envie déréglée qu'a la premiere de se perpétuer par la génération, & la cause la plus ordinaire de sa stérilité qui est l'ardeur de ses entrailles, on avouera qu'elle doit être plus lascive que l'autre : témoin les femmes de *Malabar*, qui ne sont pas les plus fécondes du monde, à cause de la chaleur du pays, & qui à cause de cela ont la permission de prendre autant de maris qu'il leur plaît; parce que les enfans, selon leur loi, ne sont nobles que de leur côté. C'est assûrément une piperie pour le libertinage où les Orientaux sont plongés.

Mais une femme qui devient grosse, & qui dévroit avoir assouvi sa passion, ne laisse pas encore d'aimer éperdûment. J'en prens à témoin *Popilia*, qui

étant

étant un jour interrogée sur la passion déréglée d'une femme grosse, par raport aux autres animaux, répondit fort spirituellement, qu'*elle ne s'étonnoit pas de ce que les femelles des bêtes fuyoient alors la compagnie des mâles, parce qu'en effet elles étoient des bêtes.*

Peut-être ne manquerons-nous pas ici de raisons pour excuser cette ardeur dans les femmes grosses ; & si nous avions dessein de nous servir de la morale, nous pourrions dire, que si Dieu leur a donné ces desirs ardens, ce n'a été que pour conserver la chasteté de leurs maris, & pour se mériter la gloire d'être vertueuses en résistant fortement à l'amour.

Cette passion d'amour déréglée, en quelque état que soient les femmes, cause le plus souvent de si étranges désordres, quand elle s'est une fois saisie de leur esprit, qu'il n'y a point de meurtres, de trahisons, ni d'empoisonnemens qu'elles n'entreprennent pour venir à bout de leurs desseins impudiques. *Pantia* empoisonna ses deux enfans avec de l'aconit, pour faire un adultére ; & *Tarpéia*, trahit sa Patrie, en donnant des moyens aux *Gaulois*, pour prendre le Capitole, parce qu'elle aimoit leur Roi ; *Jeanne de Naples*, cette infâme Princesse, fit étrangler *Andresse* son premier mari aux grilles de sa fenêtre, parce que ce jeune Prince infortuné n'assouvissoit pas sa passion indiscrette. Mais quelle aparence qu'un homme seul pût éteindre la flâme d'une femme lascive, si cinquante ne le pûrent faire autrement à l'égard de *Messaline* ? La matrice d'une femme est du nombre des choses insatiables dont parle l'Ecriture ; & je ne sçai s'il y a quelque chose au monde à quoi on puisse comparer son avidité; car ni l'enfer, ni le feu, ni la terre ne sont pas si dévorans que sont les parties naturelles d'une femme lascive.

A-t-on vû plus de passions criminelles & plus d'éfronterie que dans *Vestilia*, femme de *Titus Laveo*, laquelle déclara hautement devant les Ediles de Rome, qu'elle protestoit de vivre désormais en femme publique ?

La passion de se joindre étroitement
à un

à un homme est extrême dans l'esprit d'une femme : c'est un apetit sans jugement & sans mesure ; car il s'en est vû qui sont devenuës fort pauvres pour contenter leur lasciveté. *Chloé* fut la dupe de *Lupercus* par sa prodigalité : & *Sempronia*, qui étoit si sçavante, aima plutôt les hommes qu'elle n'en fut aimée, & n'épargna non plus sa bourse que sa renommée pour satisfaire sa passion.

J'avouë que l'amour fait des indiscrettes ; mais celles qui passent pour les plus chastes, n'ont souvent pas moins de flâme que toutes les autres, pour être beaucoup plus retenuës. Celle-là est chaste que l'on n'a peut-être jamais priée d'amour ; & si l'on examinoit dans le particulier celles qui passent pour les plus vertueuses, on trouveroit peut-être qu'elles sont aussi criminelles que les autres, & qu'il y en auroit peu de pudiques & d'honnétes. La Matrône d'Ephése, dont *Pétrone* fait raconter si agréablement à *Sénéque* l'histoire, laquelle étoit en chasteté l'admiration des Provinces voisines, se laissa molement persuader à un soldat.

Pénélope, qui étoit l'exemple de la vertu parmi les Anciens, fut si abondonnée à ses plaisirs illicites pendant l'absence d'*Ulysse* son mari, qu'elle fit un enfant, qui prit le nom de tous ceux qui avoient contribué à le faire : & *Lucréce*, qui passoit parmi les Romains pour la vertu même, n'est pas exempte de ce crime pour s'être mis le poignard dans le sein. Si ce n'est pas une impudicité d'être violée, ce ne doit pas être aussi une justice de se tuer lorsque l'on n'est pas coupable : & si elle s'est punie de la sorte, elle s'est persuadée que le crime qu'elle avoit commis, étoit si énorme, qu'il méritoit la mort de sa propre main.

Il faut donc avouer que les femmes sont naturellement portées à l'amour, & que leur tempérament est l'une des causes de cette passion ; mais aussi que l'éducation & la liberté qu'on leur donne aujourd'hui ne contribuent pas peu à leurs désordres ; & quoique l'on dise, je ne trouve point injuste ce que

l'on

l'on ordonnoit & ce que l'on pratiquoit même autrefois à Paris, lorsque l'impudicité d'une femme étoit avérée. On faisoit monter le mari sur un âne, duquel il tenoit la queuë à la main; sa femme menoit l'âne, & un Héraut crioit par les ruës: *L'on en fera de même à celui qui le fera.* Une presque semblable coûtume étoit établie en Catalogne. Le mari payoit l'amende quand la femme étoit convaincuë d'adultére; comme si par-là on eût dû plutôt imputer la faute au mari qu'à la femme.

ARTICLE III.

Qui est le plus amoureux de l'homme ou de la femme.

ON confond ordinairement l'amour avec le plaisir, & la chaleur avec la lasciveté; mais à dire le vrai, le plaisir n'est qu'un effet de l'amour & la lasciveté ne se trouve pas toujours avec la plus grande chaleur. Nous avons dessein d'examiner ici lequel des

des deux sexes est le plus amoureux le plus lascif, nous réservant de traiter ailleurs cette question, qui prend le plus de plaisir de l'homme ou de la femme, lorsqu'ils se caressent amoureusement.

Ceux qui veulent que les hommes soient plus lascifs que les femmes, disent que l'homme a plus de chaleur, qu'il a le pouls plus ferme, la respiration plus forte, les entrailles & la peau plus chaudes & plus séches; qu'il a plus de poil, qu'il vit plus long-tems, qu'il est plus agissant; enfin qu'il attaque les femmes avec plus de vigueur.

Il est vrai que l'homme est beaucoup plus chaud que la femme, & qu'il a les autres qualités qu'on lui attribuë, mais pour cela il n'est pas plus lascif. L'amour ne trouble le plus souvent que les foibles esprits : mais l'homme ayant l'esprit plus fort que la femme, il n'est pas sujet à des transports ni à des emportemens si extraordinaires ; il semble que sa passion soit en quelque façon réglée par le jugement, au lieu que celle de la femme est sans ordre & sans mesu-

considéré dans l'état du Mariage. 219

mesure; car s'il est question de parler de l'amour & d'en executer les ordres, nous ne sommes que des enfans, au prix des femmes qui en sçavent plus que nous, & qui nous feroient long-tems leçon sur ces sortes de matiéres.

D'ailleurs les femmes ont l'imagination plus vive que nous; & parce qu'elles sont ordinairement dans l'oisiveté, au lieu que les hommes sont dans l'embarras des affaires, elles ont plus de loisir à se representer les objets qui leur peuvent donner de l'amour. Le desir qu'elles ont de se remplir & d'empêcher par-là le vuide que la nature abhorre tant, est en vérité insatiable, au lieu que notre passion est modérée & qu'elle ne nous invite que pour nous décharger. Aussi leur imagination est émuë par deux sortes d'objets; l'un est de s'humecter en se remplissant, & l'autre de se défaire en même-tems de la matiére qu'elles engendrent en plus grande abondance que nous.

Personne ne nie qu'elles ne soient plus humides que nous; leur embonpoint, leur beauté & leurs régles en

T 3 sont

sont des marques évidentes. C'est leur tempérament qui leur fournit plus de semence qu'à nous, & qui les expose souvent aux vapeurs & à la fureur : car si leur semence se corrompt, ces maladies en sont causées, ainsi qu'il arriva, il n'y a pas long-tems, aux *Vierges de Loudun*, selon la pensée de *Senert* & de *Duncan*.

Les hommes ne sont pas sujets aux désordres que causent les vapeurs d'une semence corrompuë, quoiqu'en veuillent dirent quelques-uns; ils ont peu de semence en comparaison des femmes; & ils ne sont jamais incommodés de sa rétention; la nature a trouvé des moyens pour les en décharger en dormant, lorsque souvent elle leur fait naître des idées agréables qui la leur font épancher.

Ce n'est pas une preuve de lasciveté que de demeurer fort peu de tems dans les caresses amoureuses; mais c'est plutôt parce que la matiére n'est pas fort éloignée du lieu d'où elle sort. Les femmes y demeureroient un jour entier, comme fit autrefois *Messaline*; &

il

il ne leur tarderoit pas de s'en éloigner comme à nous, après y avoir pris les plaisirs que nous en espérions.

Si les animaux qui ont le plus de semence sont les plus lascifs, nous ne pouvons pas douter que la femme ne soit plus amoureuse que nous, puisque l'enfant qu'elle a conçû ne se nourrit d'abord que de cette matière ainsi que nous le prouverons ailleurs. Nous observerons encore parmi les animaux, que les plus lascifs sont les plus petits & ceux qui vivent le moins ; si cela est ainsi, comme personne n'en doute, la femme est plus lascive que l'homme, puisqu'en général elle est plus petite & vit beaucoup moins que lui.

La matrice & les testicules sont des parties situées dans le corps des femmes, sans être exposées comme les nôtres aux injures d'un air froid qui éteint notre flâme. Aussi remarquons-nous que les animaux, qui ont leurs parties génitales cachées, sont plus lascifs que les autres. C'est pour placer la matrice que la nature a fait les femmes avec des flancs ouverts & des hanches élevées, qu'elle leur a donné de grosses fesses & des cuisses charnues ; au lieu que les hommes ont les parties d'enhaut plus larges & plus grosses que celles d'en bas, la chaleur ayant dilaté les unes & fortifié les autres.

Après-tout, s'il m'étoit permis de joindre l'expérience aux raisons, je dirois que nous n'avons que trop d'exemples dans les écrits des Payens & même dans l'Ecriture-Sainte, qu'il n'est pas besoin de raporter ici. *Nectiméne* & *Valéria* recherchérent toutes deux des caresses de leur propre pere. *Aggripine* se prostitua à son fils. *Julie* reçut des plaisirs amoureux de l'Empereur *Caracalla* son gendre, qu'il épousa ensuite. *Sémiramis* s'abandonna à une infinité d'hommes. Une fille de Toscane, du tems du Pape *Pic V*. se fit couvrir d'un chien, & la plûpart des filles *Egyptiennes* s'accouplent encore aujourd'hui avec des boucs ; & je doute fort que la Satyre, que l'on mena à *Sylla*, lorsqu'il passoit par la *Macédoine*, ne fût plutôt une marque de la lasciveté d'une d'une femme que d'un homme.

Je ne parle point ici des deux *Fauſtines*, ni des deux *Jeannes de Naples*. L'on ſçait qu'elles ont été impudiques & laſcives dès leur bas âge, & qu'elles n'ont enſuite rien épargné pour ſe bien divertir avec les hommes. Et jamais les Conciles d'*Elibéri* & de *Néocéſarée* n'euſſent fait des ordonnances contre les femmes, ſi elles n'euſſent été laſcives. Le premier commanda aux gens d'Egliſe mariés de répudier leurs femmes quand elles ſont dans le déréglement, autrement il les prive de la communion à l'article de la mort. Le ſecond, de donner les Ordres à celui dont la femme eſt adultére, à moins qu'il ne la répudie. Toutes les femmes étoient d'un autre tempérament que *Bérénice*, qui, au raport de *Joſephe*, ſe ſépara de ſon mari pour en être trop careſſée. En effet, une perſonne amoureuſe l'eſt en toute ſorte d'état; elle a beau être fille ou femme, mariée ou veuve, vuide ou pleine, ſtérile ou féconde, tout cela n'empéche pas qu'elle ne ſoit plus laſcive qu'un homme.

Enfin,

Enfin, on peut ajoûter à tout cela l'autorité des Théologiens & des Jurisconsultes. Les premiers avouent ingénûment que la passion de l'amour est plus excusable dans les femmes que dans les hommes; parce, ajoûtent-ils, qu'elles en sont plus susceptibles; & les seconds, par la même raison, punissent de mort un homme adultére, & ne souffrent pas qu'une femme soit privée de la vie pour être tombée dans un semblable desordre. Ils se contentent seulement de la faire fouetter, de la tondre & de la jetter dans un Couvent.

Il faut donc conclure après tout cela, que les femmes sont beaucoup plus lascives & plus amoureuses que les hommes. Et si la crainte & l'honneur ne les retenoit bien souvent dans la violence naturelle de leur passion, il y en auroit très-peu qui n'y succombassent, ou pour nous arrêter, ou pour nous engager, elles seroient pour nous ce que nous avons accoûtumé de faire pour elles. Pour moi j'admire tous les jours la force d'ame de ces filles belles

&

& jeunes, qui réſiſtent courageuſe-
ment: leurs combats m'étonnent;
mais leurs victoires me raviſſent. Par
tout l'amour leur tend des piéges &
leur livre des combats; par tout elles ſe
défendent fortement, & ſont beaucoup plus heureuſes en amour, qu'*A-
lexandre* & que *Céſar* en victoires. Elles font ſouvent des conquêtes avant
que d'avoir combattu. Mais enfin il faut
un jour ſe rendre à cette paſſion naturelle, tant il eſt vrai de dire en para-
phraſant les deux vers d'*Alcéat*:

Qu'aiſément l'amoureux poiſon
S'introduit dans le cœur d'une jeune pucelle:
Et qu'une mere avec raiſon,
Fait pour l'en garantir une garde fidèle.
D'un ennemi qui plaît, l'abord eſt dangereux;
Un ſage ſurveillant a peu de deux bons yeux,
Pour être toujours en défenſe.
Argus en avoit cent, dont il découvroit tout.
Cependant de ſa vigilance
Cupidon ſçut venir à bout.

CHA-

CHAPITRE V.

En quelle saison l'on se caresse avec le plus de chaleur & d'empressement.

LEs opinions sont si différentes sur cette matière dans les livres des Auteurs, & par le raport des hommes à qui j'en ai parlé, qu'il me semble impossible de résoudre d'abord cette question, sans distinguer auparavant les climats & les saisons, sans prendre garde à l'un & à l'autre sexe, & sans faire réfléxion sur l'âge, sur le tempérament & sur la coûtume des hommes.

La chaleur est si différente, selon la variété des climats, que les effets qu'elle produit dans les corps ne sont pas semblables. Les *Espagnols* du Royaume de *Grenade*, ont des mœurs très-éloignées de celles des *Hollandois*, par la distance des lieux qu'ils habitent & par la différence de la chaleur qui les échauffe. Et l'on ne peut douter que la passion de l'amour ne soit plus violente dans

dans les uns que dans les autres. La chaleur excessive de l'air est ordinairement la cause de la bile & de la violence de nos inclinations. Elle ouvre aisément les pores pour s'insinuer dans les corps; elle élargit les conduits pour faire couler plus fortement les humeurs, & elle échauffe les parties qui sont froides par leur propre tempérament, au lieu que la froideur; c'est-à-dire, la chaleur modérée de l'air, fait tout le contraire: elle produit de la pituite, qui cause ensuite des effets tout oposés.

Vénus ne veut que des personnes vigoureuses pour exécuter ses ordres. Les jeunes gens sont trop moûs & trop scrupuleux pour cela, les vieillards trop foibles & trop timides: il en faut d'un âge médiocre, depuis vingt-cinq ans jusqu'à quarante-cinq ans, pour s'aquiter parfaitement de leur devoir; & parmi tous ces âges, il faut encore choisir ceux qui sont d'un tempérament chaud & sec, dans lesquels la bile ou la mélancolie chaude domine, & avec tout cela qui soient fermes, hardis & amoureux.

Les Médecins disent que la coûtume est une seconde nature. En effet, ceux qui ont accoutumé de joüir souvent des voluptés du mariage, ont les conduits de la génération plus ouverts, & les parties plus grosses & plus larges que ceux qui dans les déserts & dans la solitude ne voyent des femmes qu'en songe. J'en prends à témoin l'Empereur *Néron*, sous le nom d'*Eucolpe*, & le Chevalier *Claude Sénection*, sous le nom d'*Ascylte*, à qui l'amour réitéré avoit fait de si grosses parties, qu'on les distinguoit par-là des autres hommes, si nous en croyons l'histoire de *Pétrone*.

La rétention des régles & de la semence ne cause pas tant de désordres aux femmes, après avoir souvent joüi des plaisirs de l'amour, qu'elle leur en cause auparavant. Les esprits & le sang, à force de passer dans les parties secrétes de l'un & de l'autre sexe, y entretiennent une chaleur qui les dilate, au lieu que dans les parties naturelles de ces vénérables Hermites & de ces bienheureuses Vierges, à peine y a-t-il des conduits qui y portent des esprits

esprits pour les vivifier, & des vaisseaux qui y conduisent du sang pour les nourrir, ainsi que les observations d'Anatomie nous le font connoître.

Nous avons fait voir que le tempérament de l'homme est différent de celui de la femme : que l'homme à parler en général ; est chaud & sec, qu'il est plein de bile & de mélancolie, & qu'il a d'ailleurs une ame intrépide, un corps ferme, resserré & endurci. On sçait aussi que la femme est froide & humide ; c'est-à-dire, moins chaude que lui : que le sang & la pituite sont les deux principales humeurs, qui dominent dans son corps & qui le rendent poli, molet & délicat.

Les saisons ne sont pas réglées par les Médecins comme par les Astrologues. Elles n'ont pas un tems limité, selon le sentiment des premiers, ni un certain nombre de jours qui les déterminent. Il n'y a que la chaleur & la froideur qui leur impose des bornes. Le mois de *Septembre* sera l'Automne, quand il fera un tems inconstant & tempéré ; l'Eté, quand la chaleur se fera fentir avec excès : l'Hyver ne fera quelquefois que d'un mois ; la rigueur du froid n'étant exceffive que pendant ce tems-là ; & le Printems en durera quatre, la douce température de l'air se faifant connoître pendant un long efpace de tems. Ce font donc ces deux qualités premiéres qui réglent principalement les faifons, & non un nombre déterminé de jours.

Nos corps reçoivent de l'air, fans pouvoir nous y opofer, les différentes qualités qu'il nous communique. S'il eft froid ou chaud, rude ou tempéré, il fait une telle impreffion fur nous, que nous en devenons fains ou malades, felon les divers états où l'on fe trouve, quand on la refpire & que l'on en change.

Cela étant ainfi, il me femble que l'on peut maintenant répondre à la queftion propofée, & concilier en même-tems tous ceux qui ont eu fur cette matiére des fentimens différens. Je ne m'arréterai point ici à en citer les paffages ni en faire la critique. Ce feroit une chofe trop embraffante, &

pou

considéré dans l'état du Mariage. 231
pour les autres & pour moi-même. Je me contenterai seulement de dire ce que je pense sur les différentes émotions amoureuses que nous avons dans chaque saison de l'année, & j'examinerai avec quelle ardeur un homme & une femme se caressent plus dans un tems que dans un autre.

La chaleur excessive de l'Eté nous épuisé & nous affoiblit tellement, que nous ne sommes pas alors capables d'entreprendre une affaire où il y a beaucoup à travailler ; témoins en sont les Habitans du Midi, qui naturellement sont si lâches & si paresseux, qu'ils aiment mieux demeurer incessamment dans l'oisiveté, que de ménager une affaire qui peut leur causer un peu de peine.

L'excès de la valeur des mois de Juillet & d'Août, jointe à notre complexion bouillante, détruit notre chaleur naturelle, dissipe nos esprits & affoiblit toutes nos parties. Elle produit beaucoup de bile & d'excrémens âpres, qui ensuite nous rendent foibles & languissans. Si nous voulons
alors

alors nous joindre amoureusement à une femme, nos forces nous manquent aussi-tôt, & bien qu'au commencement la passion nous en fournisse assez pour faire quelque effort, nous ressentons néanmoins bien-tôt après des foiblesses & des épuisemens extraordinaires qui nous empêchent d'être vaillans. Et si nous voulons nous affoiblir tout-à-fait & nous procurer des maladies, nous n'avons alors qu'à caresser souvent une femme.

Au contraire, les femmes sont beaucoup plus amoureuses pendant l'Eté; leur tempérament froid & humide est corrigé par les ardeurs du soleil; leurs conduits sont plus ouverts, leurs humeurs plus agitées, & leur imagination plus émuë. C'est en ce tems-là que quelques-unes sollicitent plutôt les hommes qu'elles n'en sont sollicitées, & qu'une nudité négligée de leur part, nous fait aisément connoître qu'elle meurent d'envie d'éteindre le feu que la nature leur a allumé dans le sein.

En vérité ces passions amoureuses
font

font mal partagées. Pendant que les femmes font ardentes, nous fommes languiſſans. Leur paſſion ne commence pas plutôt à paroître, que la nôtre ſe diſſipe, comme ſi la nature nous vouloit montrer par-là que l'excès de l'amour eſt tout-à-fait contraire à la ſanté des hommes.

L'Automne, qui dure ordinairement peu, eſt plus propre pour nous à l'exercice de l'amour. Bien que l'air en ſoit chaud & ſec, il eſt pourtant tempéré par la fraîcheur des nuits & par l'inconſtance de la ſaiſon. Les hommes ne ſont pas échauffés en ce tems-là, & leur chaleur naturelle eſt un peu plus forte.

La diſſipation ne s'en fait pas ſi-tôt, leurs pores n'étant pas alors ſi ouverts. Cependant, parce qu'il y a peu de tems que nous fommes ſortis des ardentes chaleurs de l'Eté, & que nous fommes tout affoiblis par les indiſpoſitions fâcheuſes qui arrivent ſouvent dans l'Automne, il faut avouer que nous ne fommes encore guéres en état de faire de grands efforts dans les careſſes des femmes.

Je

Je n'en ose pas dire autant d'une jeune fille. La chaleur qu'elle a contractée dans le cœur par la violence de l'amour, & celle que l'air chaud de l'Eté précédent lui a communiquée, ne s'éteignent pas si-tôt. Son tempérament n'est pas refroidi, & le mouvement de ses humeurs n'est pas apaisé. C'est une mere agitée, dont le calme ne peut paroître que long-tems après la tempête.

L'Hyver est incommode par ces glaces, ses neiges & ses pluyes froides ; nous en sommes vivement touchés, & nos parties amoureuses, qui sont exposées au-dehors, en ressentent souvent de si fâcheuses atteintes, que si dans le Septentrion on n'avoit soin de se les couvrir avec des fourrures, on courroit risque de se les faire couper & de perdre ensuite la vie ; parce qu'elles sont d'un tempérament froid & sec, & qu'elles ne sont échauffées que par les esprits qui y sont portés en abondance ; je ne m'étonne pas si elles se retirent vers le ventre pour se conserver par la chaleur qu'elles y rencontrent. C'est en Hyver que nous faisons beaucoup de pituite

&

& de crudités ; & bien que nous ayons plus de chaleur naturelle qu'en Eté, nous ne laissons pas dans cette saison d'être presque aussi lents que dans l'autre.

Ce n'est pourtant pas ce que pensent plusieurs, qui croyent que l'Hyver est une saison où l'on se caresse avec le plus d'ardeur & de passion. Car, disent-ils, nous mangeons alors beaucoup plus, nous sommes plus agiles, & notre chaleur naturelle semble être beaucoup plus forte.

Si ceux qui raisonnent de la sorte prennent l'Hyver pour une saison tempérée & exempte de grands froids, ainsi qu'il arrive dans les pays du Midi, je serois sans doute de leur sentiment : mais s'ils vouloient qu'un Suédois, qui est près de cinq mois dans les glaces & dans les frimats de son pays, eût dans l'Hyver des empressemens amoureux ; je ne sçaurois souscrire à cette pensée. Cet homme, quelque vigoureux qu'il fût, est si pénétré de froid, que *Vénus*, que les Poëtes ont crû être faite de la partie la plus chaude des eaux, ne sçauroit l'exciter, ni lui faire fait naître dans le cœur aucune ardeur.

Les femmes sont encore plus languissantes en Hyver que nous ne le sommes leur tempérament froid le devient encore plus; & l'amour ne s'est jamais si bien fait connoître parmi elles dans les contrées du Septentrion, que dans celles du Midi. Toute la nature est en ce tems-là en repos; pas une plante ne se dispose à la production; & les arbres ne nous donnent presque aucune marque de vie.

Il n'y a que le Printems qui nous inspire du courage & de la vigueur pour l'amour : mais c'est ce beau Printems, qui n'est plus accompagné de gelées ni de frimats. C'est cette aimable saison où toute la nature, par son verd & par ses fleurs, ne respire que production. Alors le sang bouillonne dans les veines de l'un & de l'autre sexe, & sur le gazon, nous contons souvent notre martyre à une belle, pendant que le *rossignol* conte le sien à *l'éco des forêts*.

Nous ne manquons alors ni de disposition ni de matière pour satisfaire notre passion autant de fois qu'elle nou nous excite. Nous faisons assez de sang pour nous soutenir dans l'exercice amoureux, & l'air froid ne nous empêche plus d'agir avec liberté. Tout nous inspire de l'amour; il n'est pas jusqu'aux oiseaux & aux insectes, qui dans le mois de *Mai* ne se caressent avec plaisir. L'amour qui se fait ressentir en ce tems-là plus que dans un autre, est peut-être la cause de ce que l'on dit ordinairement, que les enfans engendrés au mois de *Mai*, sont le plus souvent, ou fols ou hébêtés: on y va alors avec trop d'ardeur; & les efforts trop souvent réitérés sont sans doute la cause des défauts qui se remarquent aux enfans qui sont produits en ce tems-là. C'est pour cela sans doute que les Romains défendoient avec tant de sévérité de faire des nôces aux mois de *Mai*, & que dans ce même mois ils en faisoient fermer tous les Temples, pendant que l'on célébroit les *Fêtes Lémuriennes*; parce qu'ils croyoient que les nôces étoient alors malheureuses & que les enfans qui étoient conçus dans cette saison, étoient trop vifs,

trop

trop pétulans & trop étourdis. Cependant c'est la saison, dans laquelle les hommes les plus sages & les plus spirituels ont été engendrés, pourvû toutefois que leurs peres n'ayent pas pris de trop fréquens ni de trop violens plaisirs en les engendrant.

Nous pouvons donc dire que le Printems est la saison où les hommes & les femmes sont plus amoureux. Il nous fait naître des envies naturelles de nous joindre amoureusement les uns aux autres, & nous y sommes principalement conviés par les exemples qu'il nous en fournit de toutes parts.

❀❀❀❀❀❀❀❀❀❀❀❀❀❀❀❀❀❀❀❀❀❀

ARTICLE I.

A quelle heure du jour on doit baiser amoureusement sa femme.

LA bonne digestion de l'estomac ne contribuë pas peu à notre santé : si elle est bien faite, notre chyle est bon, notre sang est pur, nos esprits sont agités & pénétrans, notre semence est épaisse & féconde, toutes nos parties solides sont robustes: en un mot, nous jouissons d'une santé parfaite. Mais si quelque chose trouble l'action de notre estomac, nous sommes pleins de crudités; notre sang n'est que pituite, nos esprits qu'une eau languissante, & notre semence que du phlegme. Nous ressentons au-dedans de nous des indigestions & des foiblesses, qui nous empêchent d'être en état de faire aucune action de vigueur.

Entre toutes les causes qui ruinent notre estomac, & qui en affoiblissent la digestion, il n'y en a point de plus forte que l'amour. Il nous épuise de telle sorte, par la dissipation de notre chaleur naturelle & par la perte de nos esprits, qu'après cela nous en ressentons de l'incommodité dans les principales parties qui nous composent.

L'estomac, qui est la partie qui contribuë le plus à la santé, quand il fait bien sa fonction, est donc le premier attaqué dans les excès de l'amour. Mais le cerveau & les nerfs n'en souffrent pas moins; & leur souffrance a été quelquefois jusques-là dans quelques hommes; qu'ils en ont perdu l'esprit, & *Poppée* dans *Pétrone* craignoit fort que *Néron* n'en devint paralitique.

Toutes les parties spermatiques étant naturellement froides, sont affoiblies par l'excès de l'amour. L'estomac, qui en est une des plus considérables, n'est pas des dernières à s'en ressentir, & l'on peut dire que c'est elle qui est la source de toutes les incommodités, quand nous abusons de ces plaisirs.

Puisque *Vénus* est donc une des causes étrangeres qui est la plus contraire à notre vie, quand nous nous y adonnons avec excès ou à contre-tems, & que d'ailleurs, selon l'expérience que nous en avons, elle entretient notre santé, lorsque nous en usons à propos, examinons quelle heure du jour est la plus commode pour n'en recevoir aucune incommodité.

Ce ne sont ni les divertissemens du jour ou de la nuit, ni les plaisirs du matin ou du soir qui nous causent des incommodités. Que ce soit avant ou après le sommeil que nous nous jet

tion

considéré dans l'état du Mariage. 241

tions entre les bras d'une femme, ce n'est pas ce qui détruit notre santé, & qui nous fait des foiblesses d'estomac & des nerfs, ni des maux de tête pesante. Tous les désordres qui nous viennent des femmes, ne naissent que de l'excès de notre passion & de l'occasion que nous ménageons souvent fort mal lorsque nous voulons les caresser. Si notre passion étoit modérée & que nos emportemens amoureux fussent mieux réglés, si avec cela nous les baisions, quand nous ne sommes ni trop vuides ni trop pleins, je suis assûré que *Vénus*, bien loin de nuire, entretiendroit la santé d'un jeune homme, car ce qui est selon les loix & la nature, ne peut nous causer de mal, si nous n'en abusons.

Quelques Médecins pensent que les plaisirs amoureux que nous prenons pendant le jour, sont plus funestes que ceux de la nuit; & que comme les caresses des femmes nous épuisent excessivement, nous devons être en repos après les avoir faites, & réparer par le sommeil & la tranquilité les esprits que

X 3　　　　nous

nous y avons perdus ; au lieu qu'après les occupations ordinaires du jour, nous nous fatiguons encore auprès d'une femme ; & nos lassitudes ne se guérissent pas par d'autres lassitudes.

Il y en a d'autres qui s'expliquent mieux là-dessus, & qui croyent que le point du jour est tems le plus propre à se caresser. C'est alors, disent-ils, que nous sommes dans un état moins inégal ; que nos forces ne sont pas dissipées par les actions du jour ; que notre estomac n'est point accablé par les alimens, & que le sommeil a multiplié nos esprits & fortifié notre chaleur naturelle. Nous n'apréhendons point alors les crudités, qui souvent nous incommodent. La coction est achevée, & les nerfs tout pleins d'esprits ne se relâchent point si promptement. C'est ce que nous veut dire *Hypocrate*, quand il met par ordre ce que nous devons faire pour conserver notre santé, & qu'il nous conseille le travail avant le manger & le boire, & le sommeil avant *Vénus*.

En effet, l'aurore qui répond au-
Prin-

Printems, paroît plus commode po[ur]
la génération : car après qu'un homme
s'est agréablement diverti avec sa femme, & qu'il s'est un peu endormi après
ses plaisirs légitimes, il répare ainsi
toutes les pertes qu'il vient de faire,
& guérit les lassitudes qu'il vient de
gagner amoureusement. Après cela il
se leve & va où ses occupations ordinaires l'apellent, pendant que sa
femme demeure au lit pour conserver le précieux dépôt qu'il vient de lui
confier. C'est ainsi qu'en usent la plûpart des artisans, qui se portent si bien
& qui ont des enfans si bien faits & si
robustes : car après s'être lassés du travail du jour précédent, ils attendent
presque toûjours l'aurore à poindre
pour embrasser leurs femmes. C'est
par-là sans doute qu'ils évitent les incommodités qu'ont les autres hommes, qui sans faire réfléxion à leur
santé, s'abandonnent à toute heure à
la violence de leur passion.

Tous les Médecins demeurent d'accord qu'il ne faut pas baiser sa femme à
jeun, parce que l'on ne doit point travail-

vailler quand on a faim. Le travail épuiſe & deſſéche nos corps, mais le travail de l'amour énerve entiérement. Nous devons au contraire nous réjoüir avec elle, ſelon la penſée de quelques-uns, quand nous avons le ventre médiocrement plein; car c'eſt en ce tems-là diſent-ils, que par la chaleur & les eſprits que les alimens nous communiquent, il nous vient je ne ſçai quelle envie de les toucher; après quoi nous pouvons réparer par le ſommeil la perte que nous avons faite, le repos étant l'unique reméde pour ces ſortes de laſſitudes.

Mais à parler franchement, il y a quelque choſe à dire ſur toutes ces opinions. Le jour n'a rien de fâcheux, ni la nuit rien de favorable pour l'amour; au contraire, on diroit que le jour a quelques attraits que la nuit n'a pas, notre paſſion ſe réveille & s'excite de nouveau à la vûë d'une belle perſonne, & la lumiére d'une bougie ne nous la fait pas paroître avec tant de charmes que celles du ſoleil. J'en apelle à témoin S. Grégoire de Nazianze,

qu.

qui a soixante ans fut tellement épris de la beauté de la femme de son voisin, qui logeoit vis-à-vis de sa maison de campagne, qu'il se résolut à abondanner sa demeure, pour ne pas se laisser surprendre aux attraits de l'amour.

Au reste, le matin seroit le véritable tems de nous embrasser, si nous avions quelque chose de bon dans l'estomac, & si toutes les coctions qui se font en nous n'étoient point accomplies. Mais en ce tems-là il ne se trouve dans notre estomac que la pituite & des crudités, qui sont des restes de notre dernier repas, & qui ne sont capables d'être émuës par les plaisirs de l'amour que pour notre perte. C'est à cause des crudités matiniéres, que les Médecins, pour conserver la santé, conseillent de manger un peu le matin, afin que la digestion se faisant par les alimens qu'on a pris, l'estomac soit déchargé des ordures qui s'y étoient assemblées pendant le sommeil, & soit ensuite plus pur pour recevoir ce que nous voudrons lui donner à dîner.

Si nous embrassons donc amoureusement

sement une femme ayant l'estomac vuide, nous languissons un moment après, nous ressentions plus fortement les douleurs & les foiblesses que cause cet épuisement. Nous avons perdu de notre chaleur & de nos esprits par ces caresses, & nous n'avons pas chez nous de quoi les réparer aussi-tôt. Bien loin de les réparer, nous augmentons par-là les crudités que nous avons; & par les mouvemens passionnés de l'amour, nous les contraignons de se mêler parmi notre sang & d'en corrompre la masse.

Pour résoudre donc la question, après avoir dit ce que l'on peut dire sur cette matiére, on me permettra de n'observer ni le jour ni la nuit, ni les heures ni les momens; mais la seule disposition dans laquelle nous sommes, quand nous sentons les éguillons de *Vénus*.

Si par hazard nous nous sentons pesans; si une douleur de tête nous accable, qu'une pesanteur de reims nous presse, que nous soyons chagrins & mélancoliques, sans en avoir de sujet,

&

& qu'avec cela, contre notre coûtume, il y ait long-tems que nous n'ayons caressé de femme, alors on ne doit point observer de tems ni prendre de mesures. Il n'importe d'embrasser une femme à jeun ou après le repas, le matin ou le soir, quand il est question de nous défaire d'une matiére qui nous incommode. On se délasse, lorsque l'on change d'occupation ; le travail amoureux nous paroît doux après les occupations ordinaires du jour, nous nous sentons plus legers & plus gais, la digestion se fait mieux ; notre sang s'agite avec plus de liberté ; en un mot, notre corps ne nous embarasse plus comme auparavant.

Mais il ne faut pas se trouver dans ces sortes d'occasions, qui sont plus rares que l'on ne se persuade, parce que la nature pendant le sommeil nous décharge souvent de ces humeurs superflues ; après cela il n'en reste plus le lendemain pour nous faire de la peine. Si nous nous trompons, & que nous pensions être incommodés de beaucoup de semence, lorsque nous sommes

mala

malades d'une autre cause, nous en ressentons aussi-tôt des effets malheureux, & à peine pouvons-nous ensuite réparer la faute que nous avons commise.

Il vaut bien mieux attendre que la première digestion soit faite, & que la seconde s'accomplisse, que l'estomac se soit déchargé de ce qu'on lui a donné à digérer, & que le cœur, le foie & les autres viscéres sanguins achevent de changer en sang le chyle qu'ils ont nouvellement reçu : alors tout notre corps est plein de chaleur & d'esprits, & notre estomac a été depuis peu satisfait & rassasié, notre cerveau & nos nerfs sont vivifiés par de nouveaux esprits, qui en fournissent incessamment à nos parties naturelles. Ainsi quelqu'effort que nous fassions en ce tems pour nous épuiser, nous recevons sans cesse au-dedans dequoi réparer la perte que nous venons de faire.

Après ces grandes maximes, qui sont établies sur l'expérience, j'ose dire qu'il y a dans 24 heures deux tems considérables pour obéir à l'amour ; l'un est à 4 ou 5 heures après dîner, & l'aul'autre à 4 ou 5 heures après souper. Alors notre corps n'est ni trop plein ni trop vuide, la coction de notre estomac est en quelque façon accomplie, nos entrailles sont réjouies par l'abord d'une nouvelle humeur; notre chaleur naturelle est récréée; nos esprits sont multipliés; & quand nous en dissiperions beaucoup dans ce moment, nous en aurions toujours assez pour n'être pas incommodés de leur perte. C'est en ce tems-là que nos embrassemens ne sont pas inutiles; bien loin d'en ressentir des douleurs & des vertiges, nous en avons de la joïe & nous en recevons du soulagement; si bien qu'il me seroit permis de dire, selon l'avis d'*Hermogéne*, que la nuit les plaisirs de l'amour sont doux, & que le jour ils sont salutaires.

Ce que je trouve pourtant de plus avantageux dans l'une de ces deux occasions, c'est que nous nous fortifions par deux moyens; lorsque nous caressons une femme l'après-dîner, nous réparons en partie nos forces par le souper, nous les augmentons tout-à-fait à-fait par le sommeil de la nuit suivante ; au lieu que si nous la baisons après souper, nous n'avons que le repos de la nuit pour réparer ce que nous venons de perdre.

Les oiseaux, qui ne suivent que les mouvemens de la nature, pour ne pas parler ici des autres animaux, ne se joignent le plus souvent que le soir. On entend alors de toutes parts au mois de Mai le mâle apeller sa femelle, & la femelle répondre à son mâle. La chaleur du jour les a disposés à se caresser ; les alimens qu'ils ont pris pendant le jour ont échauffé leur sang, & l'humeur qui s'est engendrée dans leurs parties amoureuses depuis le soir précédent, les irrite alors à s'en décharger.

Plus les plaisirs sont grands, plus ils nous causent de maux, quand nous ne prenons pas assez de précautions pour nous garantir de leurs apas. Sous cette aparence de volupté, il se glisse incessamment des causes de douleur & de chagrin, & nous prenons volontairement ce fin poison, dont
même

même nous ne nous apercevons pas.

Si l'amour nous fait ressentir la pointe de ses fléches, & qu'il nous embrase le cœur après la débauche ; ainsi qu'il ne manque pas de faire à ceux qui sont les plus lascifs, nous devons en ce tems-là faire tous nos efforts pour éviter ses attraits, si nous sommes en état de les connoître. Nous sçavons que le vin nous rend hardis & amoureux, mais aussi qu'il étouffe peu-à-peu notre chaleur naturelle, si nous en prenons avec excès. Nous paroissons à la vérité plus gais & plus enjoués après avoir bien bû, & nous sommes alors capables d'entreprendre plus que dans un autre tems. Peut-être que nous ressemblons à un arbre, au pied duquel on jette de la chaux pour en échauffer les racines, le fruit en vient plutôt, & il est même beaucoup plus coloré : mais l'arbre après cela ne vit pas long-tems : & si l'amour & le vin agissent également sur nos parties, il ne faut point douter qu'ils ne nous incommodent doublement.

On doit donc éviter toutes les occasions qui nous peuvent donner de l'amour, après avoir fait la débauche; si nous voulons éviter les maux dont souvent nous ne connoissons pas les suites fâcheuses.

Les épuisemens que nous souffrons d'ailleurs, joints aux plaisirs que nous prenons à contre-tems avec les femmes, ne peuvent que nous incommoder de la même sorte; & je ne conseillerois jamais à un homme d'embrasser sa femme après une saignée, un flux de ventre, ou une maladie considérable; à moins que de ne vouloir abréger sa vie. Car *Vénus* ne peut être agréable après d'autres épuisemens; quelque robuste que soit un homme, il ne sçauroit éviter les accidens funestes que peuvent lui procurer ces plaisirs déréglés.

J'ai connu des hommes, qui n'étans pas encore tout-à-fait guéris d'une maladie aiguë, sont morts bien-tôt après avoir caressé leurs femmes, quoiqu'il n'y eût aucun signe qui nous eût donné des marques de leur mort, & aujourd'hui j'en connois même d'autres qui n'en peuvent revenir.

Ce

considéré dans l'état du Mariage. 243

Cependant, s'il faut faire une fois une faute, il vaut beaucoup mieux se joindre à sa femme le ventre plein que vuide, les accidens n'en sont pas si fâcheux, & nous avons plus de remédes pour subvenir à la plénitude qu'aux épuisemens.

L'expérience nous a apris jusqu'ici que les femmes doivent observer les tems pour être caressées. Les humeurs qu'elles épanchent, lorsque nous les embrassons, ne sont pas si spiritueuses que les nôtres, & leur foiblesse ne vient pas tant de la perte de leur mariére, que de l'excès du chatouillement & de la lassitude du mouvement de l'amour : au lieu que la nôtre est causée par la dissipation de nos esprits & de notre chaleur naturelle. Si bien qu'on peut dire que les femmes le peuvent faire en tout tems, & que les hommes doivent prendre des précautions, puisque l'expérience nous le fait connoître.

ARTI-

ARTICLE II.

Combien de fois pendant une nuit l'on peut caresser amoureusement sa femme.

LA vanité est une passion naturelle à l'homme : il s'y laisse aller quand il y pense le moins ; & nous pouvons dire, sans exagération, qu'elle est un des plus grands maux auxquels il est sujet. En effet, l'homme n'est qu'un songe de l'ombre, si nous en voulons croire un Poëte Grec ; & à le bien considérer, il n'est que foiblesse & que misére. Il ne paroît jamais plus ridicule & plus foible que dans la vanité ; & c'est sans doute ce qui obligea *Démocrite* à se moquer de lui.

Mais il n'y a point d'occasions où la vanité se fasse voir davantage que dans les matiéres de l'amour, quand pour nous faire admirer, nous nous attribuons des exploits que nous n'avons jamais faits. C'est ainsi que l'Empereur *Proculus* nous en impose, lors qu'écrivant

vant à son ami *Métianus*, il nous veut persuader qu'ayant pris en guerre cent filles *Sarmates*, il les avoit toutes baisées en moins de quinze jours, & le Poëte qui est le maitre de la galanterie, se vante aussi de l'avoir fait neuf fois pendant une nuit.

J'avouë que nous sommes vaillans en parlant de l'amour ; mais nous sommes souvent bien lâches quand il faut exécuter ses ordres. Ce n'est pas assez que de badiner avec une femme, il faut encore quelque chose de réel, par où il paroisse qu'on est homme & qu'on peut produire son semblable.

Je sçai qu'il y en a qui sont d'un tempérament si lascif, qu'ils pourroient baiser plus d'une femme plusieurs nuits de suite : ils se sentent presque toujours en état d'en satisfaire quelqu'une : mais enfin ils s'affoiblissent, & ils s'énervent d'une telle façon, que leur semence n'est plus féconde, & que leurs parties naturelles refusent même de leur obéir. L'Empereur *Néron* ne fut pas le seul qui manqua de force & de courage entre les bras de la belle *Poppée* ; comme le raporte *Pétrone*. Nous en avons aujourd'hui une infinité d'autres exemples; & s'il m'étoit permis de nommer les personnes qui ont paru épuisées & impuissantes entre les bras des belles qu'ils aimoient, j'en remplirois plus d'une page de ce Livre.

Il faut tenir pour fabuleux ce que *Crucius* nous raporte d'un serviteur, qui engrossa dix servantes pendant une nuit, & ce que *Clément Aléxandrin* nous dit d'*Hercules*, qui ayant couché pendant 12 ou 14 heures avec 50 filles *Athéniennes*, leur fit à chacune un garçon, qu'on apella ensuite les *Thespiades*.

Nous sçavons, ainsi que nous l'avons remarqué ailleurs, que la semence de l'homme est conservée dans des réservoirs (*k*) & dans des glandes, (*l*) qui sont à la racine de la verge : que ces réservoirs ressemblent à de petites vessies, qui ont communication les unes avec les autres, & qui sont arrangées à peu près comme sont les places d'une grenade dont on a ôté les grains. Il y en a 3 ou 4 de chaque côté, ou plûtôt il n'y en a qu'une qui a plusieurs petites

ites cavités. Ces veſſies, auſſi-bien que ces glandes, ſont pleines de ſemence dans un jeune homme qui ſe porte bien, & qui d'ailleurs eſt d'un tempérament amoureux, ſi bien que l'une & l'autre de ces parties peuvent à peu près contenir autant de ſemence qu'il en faut pour 3 ou 4 épanchemens, & il s'en peut même trouver encore pour un autre dans les vaiſſeaux qui viennent des teſticules. Je ne ſuis pas ici ſi exact que ceux qui diſent qu'il y a de trois ſortes de ſemences, qui ont chacune leur vertu. Je ſuis convaincu par l'expérience, qu'il n'y en a que d'une ſorte, que l'on voit ſortir de la verge. Et bien que l'on en trouve en divers lieux de plus liquides & de plus épaiſſes; cependant parce qu'elles ſe mêlent enſemble, lorſqu'elles ſortent, elles ne paroiſſent que d'une ſeule matiére & que d'une ſeule conſiſtence.

Dès que l'imagination eſt touchée, & que les petits fibres du cerveau ſont ébranlées par la penſée de l'amour, il ſe fait auſſi-tôt une ſueur interne dans nos parties naturelles, & les eſprits qui
s'y

s'y portent avec tumulte & précipitation, font sortir des prostates (*l*) une matiére liquide, qui prépare le conduit pour le passage de la semence ; mais quand on s'est joint amoureusement à une femme, alors 2 ou 3 petites vessies, (*k*) qui sont les plus prêtes à se vuider, se vuident incontinent, & par-là on donne des marques que l'on est homme parfait.

 Cependant la nature tâche de réparer un moment après ce que l'on vient d'épancher, & puis l'on est bien-tôt encore en état de jouir des voluptés de l'amour, & l'on épanche une seconde fois l'humeur qui se trouve la plus disposée à sortir.

 La nature, qui dans cette action n'a pour but que la génération des hommes rassemble encore promptement la matiére dont elle a besoin. Elle dispose cette humeur à se répandre quand l'on voudra ; si bien que l'imagination étant incessamment émuë par la beauté & les charmes de la personne que l'on tient entre ses bras, la passion se réveille, & les parties naturelles se trouvent

encore

considéré dans l'état du Mariage. 259

encore en état de lui obéir. On se lie donc étroitement à elle, & on lui fait part une troisiéme fois de ce que l'on a de plus pur & de plus précieux.

Si l'on veut aller plus loin, & que le cœur soit encore embrasé, pendant que les parties naturelles commencent à perdre leurs forces, par la dissipation de notre chaleur naturelle & de nos esprits, la nature fait encore un effort pour ramasser ce qui reste de matiére dans les vessies séminaires (*k*) & dans les parties voisines. Il semble qu'elle les presse de toutes parts, & qu'elle se prépare à faire sortir avec empressement cette humeur, qu'elle a rassemblée avec tant de promptitude. Il se fait alors un nouveau concours d'esprits, & le feu qui paroissoit auparavant éteint, se rallume dans le moment & se fait ressentir aux parties naturelles. C'est alors qu'un homme caresse encore amoureusement une femme, qu'il la presse étroitement, & qu'il peut même la rendre féconde par ses épanchemens réitérés.

Enfin après s'être reposé quelque-tems & avoir un peu réparé par le som-

meil

meil les esprits dissipés, on se trouve encore près d'une personne que l'on aime éperdûment, les caresses sont réciproques, quoiqu'il semble qu'elles soient alors plus pressantes du côté de la femme, qui commence à s'échauffer, quand l'homme est épuisé, & qui l'invite à cette heure, au lieu que l'homme l'invitoit au commencement.

Après tout, on se sent encore ému, & les parties naturelles, de flétries qu'ils étoient auparavant, commencent à se roidir. La nature ramasse des parties voisines ce qu'elle peut de semences, elle en tire même des testicules, afin de la disposer à un cinquiéme épanchement.

J'avoüe qu'elle ne peut faire cela si-tôt, & qu'il faut du tems pour remplacer par la matiére qui s'est depuis peu répanduë. Néanmoins de tous les efforts qu'elle fait en nous, il n'y en a pas un de plus prompt ni de plus violent, que celui avec lequel elle entreprend la génération.

L'imagination s'échauffe donc encore, & l'on ne manque ni de courage ni de matière pour faire un nouveau sacrifice à l'amour. Les parties naturelles ont assez d'esprits pour se tenir quelque-tems en état de faire leur devoir, & aux moindres caresses d'une femme, on l'embrasse encore & on lui fait part de l'humeur qu'elle désire avec tant de passion.

Mais s'il y faut retourner une sixiéme fois, quoique nous éprouvions encore une envie secrette de continuer nos caresses amoureuses, nos parties sont pourtant glacées; & si après l'épuisement qu'elles ont souffert à cinq différentes reprises, il en sort encore une humeur : c'est une matière cruë & aqueuse, qui n'est point propre à la génération, ou du sang vermeil, comme celui d'un poulet que l'on vient d'égorger, qui se répand quelquefois en telle abondance par la foiblesse des parties naturelles, que l'on a bien de la peine à en revenir, témoin un galant homme de ma connoissance, qui vit encore, mais qui vit misérablement, lequel après avoir embrassé deux Courtisanes cinq fois dans une après-dînée,

ren-

rendit par la verge, à la sixiéme fois, plus de deux onces de sang.

Il faut donc croire que les plus grands efforts que l'on puisse faire auprès d'une femme pendant une nuit, ne sçauroient aller qu'à quatre ou cinq embrassemens. Tous ces grands excès d'amour que l'on nous raconte, sont autant de fables que l'on nous debite ; & si nous en voulons croire les hommes sur ce qu'ils nous disent là-dessus, sans consulter la raison, nous nous laisserions aller aussi-bien qu'eux à l'imposture & à la foiblesse d'ame.

Un Roi d'*Arragon* rendit autrefois un Arrêt autentique sur cette matiére. Une femme mariée à un *Catalan*, fut obligée de se jetter un jour aux pieds du Roi, pour implorer son secours sur les fréquentes caresses de son mari, qui, selon son raport, lui ôteroit bientôt la vie, si l'on n'y mettoit ordre. Le Roi fit venir le mari pour en sçavoir la vérité. Le *Catalan* avoüa sincérement que chaque nuit il la baisoit dix fois. Sur qui le Roi lui défendit, sur peine de la vie, de la baiser plus de six fois, de peur qu'il ne l'accablât par les excès de ses embrassemens.

Je sçai que les Espagnols, qui demeurent dans un païs chaud, sont beaucoup plus amoureux que nous ne le sommes en France. La chaleur excessive de leur climat, leurs alimens succulens, leurs femmes renfermées & voilées, le tempérament bilieux & mélancolique des hommes, qui aiment naturellement l'oisiveté, sont sans doute les causes de leur lasciveté ordinaire : au lieu qu'en France, la chaleur est modérée, les alimens nourrissent moins, les femmes sont libres, & elles conversent avec nous ; les hommes sont moins bilieux & moins mélancoliques : enfin nous nous apliquons à quantité de choses, & l'oisiveté nous est naturellement odieuse. Si bien qu'à parler en général, si un Espagnol peut baiser sa femme six fois pendant une nuit, un François ne la pourra caresser que cinq.

Les Rabins, qui n'avoient en vûë que la conservation de leur Nation, taxoient le devoir qu'un *Païsan* devoit tendre à sa femme, à une nuit par semaine ; celui d'un *Marchand* ou *Voiturier* à une nuit par mois ; celui d'un *Matelot* à deux nuits par an ; celui d'un *homme d'Etude* à une nuit en deux ans. Je suis assûré que si les femmes faisoient les loix, elles n'en useroient pas de la sorte, témoin la femme d'un Avocat qui sur cela me dit l'autre jour fort ingénument, qu'elle eût mieux aimé avoir été la femme d'un *Faisan* que de tous les autres.

Les Anciens avoient accoûtumé de mettre *Mercure* près de *Vénus*, quand ils faisoient le portrait de cette Déesse, pour nous aprendre que la raison dont ils pensoient que *Mercure* étoit le Dieu, devoit toûjours ménager nos voluptés. En effet, nous les goûtons avec plus de tranquillité, lorsque l'usage n'en est pas si fréquent. Souvent nous nous dégoûtons des alimens que nous avons en abondance, & quelquefois nous sommes bien aises de quiter la table des Grands pour celle d'un pauvre homme.

Si la modération est louable en quelque

considéré dans l'état du Mariage. 265

que chose, c'est sans doute dans l'amour. *Solon*, qui fut estimé de l'Oracle, l'un des plus sages de la Géce, prévoyoit bien les malheurs qui devoient arriver aux hommes par l'usage indiscret de l'amour, lorsqu'il ordonna à ses Citoyens qu'il ne falloit baiser sa femme que trois fois le mois.

Les caresses trop fréquentes des femmes nous épuisent entiérement; au lieu que si elles nous sont modérées, notre santé s'en conserve & notre corps en devient beaucoup plus libre qu'auparavant: si bien que je ne conseillerois pas à un jeune homme, ni de fuir *Vénus* avec horreur, ni de se laisser aller à ses charmes avec trop de molesse & de complaisance. Je ferois ici le souhait qu'*Euripide* faisoit autrefois en parlant à *Vénus*:

Vénus, en beauté si parfaite,
Inspire de grace à mon cœur,
Ta plus belle & plus vive ardeur.
Et rends dans mes amours mon ame satisfaite:
Mais tiens si bien la bride à mes ardens desirs,
Que sans en ressentir ni douleur ni foiblesse,
Jusques dans l'extrême vieillesse
Je prenne part à tes plaisirs.

Z 2   Je

Je ne sçaurois louer le Philosophe *Aeas*, qui ne baisa sa femme que trois fois pendant son mariage, bien qu'il lui fit un garçon chaque fois. Pour *Xénocrate*, qui parut plutôt une pierre qu'un homme auprès de la Courtisane *Phryné*, on doit croire que ce fut un effet de la continence, qu'il devoit à l'étude de la Philosophie, plutôt que le défaut du mouvement de ses parties naturelles.

Le tempérament, l'âge, le climat, la saison, & la façon de vivre, règlent toutes les caresses que nous faisons aux femmes. Un homme de 25 ans, qui est d'une complexion chaude, rempli de sang & d'esprits, qui habite les plaines fertiles de *Barbarie*, qui est l'un des plus aisés de ces contrées-là, baisera plutôt cinq fois une femme pendant une nuit du mois d'Avril, qu'un autre de 40 ans, qui est d'un tempérament froid, & demeure dans les montagnes stériles de *Suéde*, & qui avec cela a de la peine à vivre, n'en connoîtra une autre deux fois pendant une du mois de *Janvier*.

Les

Les femmes n'ont point leurs voluptés bornées comme nous les avons, autrement les Nobles de *Lithuanie* ne permettroient pas aux leurs, comme ils font, d'avoir des aides dans leur mariage. En effet, les femmes ne se sentent pas épuisées, quand même elles souffriroient long tems de suite les attaques amoureuses d'une multitude d'hommes. Témoin l'impudique *Messaline* & l'infâme *Cléopâtre*. La premiére ayant pris le nom de *Licysca*, fameuse Courtisane de Rome, surpassa de 25 coups en moins de 24 heures, dans un lieu public, la Courtisane que l'on estimoit la plus brave en amour, & après cela elle avoua qu'elle n'étoit pas encore tout-à-fait assouvie. L'autre, si nous en voulons croire la lettre de *Marc-Antoine*, à l'un de ses Amans, souffrit pendant une nuit les efforts amoureux de cent six hommes, sans témoigner d'en être fatiguée.

ARTICLE III.

Si l'on doit prendre des remédes pour dompter son humeur amoureuse, ou pour s'exciter avec une femme.

Il n'y a rien qui soit plus incapable de troubler notre temperament, que si nous changeons tout d'un coup & à contre-tems notre façon de vivre. L'air, le manger, le boire & les autres choses, que nous apellons naturelles, peuvent beaucoup sur nous, & ce sont principalement ces causes auxquelles nous devons tout le bonheur ou le malheur de notre vie, selon la maniére dont nous en usons.

C'est un axióme dans la Médecine qu'*Hypocrate* a remarqué le premier, que le changement qui se fait en nous avec précipitation, nous cause toujours des maladies, à moins que nous ne soyons assez forts pour nous y oposer. Si l'on veut, par exemple, corriger le tempérament trop chaud & trop avec d'un homme amoureux, on doit y procéder avec tant de lenteur & de prudence, qu'il ne s'aperçoive presque pas lui même de l'action des remédes, qui le rafraîchissent & qui l'humectent, autrement on le jetteroit dans une intempérie contraire qui le rendroit malade.

ARTICLE IV.

Des remédes qui domptent le tempérament amoureux.

LEs hommes qui dans la fleur de leur âge joüissent d'une santé parfaite, & qui sont d'un tempérament chaud & humide, ont beaucoup plus de semence que ceux qui sont d'un tempérament chaud & sec ; mais cependant ceux-ci sont les plus lascifs, ainsi que nous l'avons dit ailleurs. Si ces derniers n'ont pas tant de semence, elle est du moins plus âpre, plus chatouillante & plus pleine d'esprits & de vents, c'est ce qui les rend hardis & amoureux, au lieu que les premiers sont simples & débonnaires.

En quelque lieu que vive un homme lascif, il est toûjours embarassé de son tempérament amoureux. La vertu ne peut rien où l'amour agit naturellement, & la Religion même a trop peu de pouvoir sur son ame, pour retenir ses premiers mouvemens & pour vaincre la complexion qui lui fournit à toute heure des objets amoureux, dont son imagination est échauffée.

Dans le chagrin où il en est, il cherche par tout des remédes qui puissent dompter sa passion. Celui que la nature lui présente pour éteindre son feu lui plairoit plus que tous les autres, s'il étoit permis; mais il a de certaines considérations pour ne les pas prendre. Cependant tous les autres remédes dont on peut user par dedans ou par dehors, sont tous en quelque façon inutiles ou dangereux pour lui. Leur fraîcheur éteint presque notre chaleur naturelle; leur astriction épaissit trop nos esprits; & l'un & l'autre détruisent presque notre mémoire &
font

font tort à notre jugement. C'est ce qui a fait dire à plusieurs Médecins, qu'il ne falloit pas tout à fait s'opofer à la violence de l'amour, & qui inspira l'Oracle d'Apollon Delphique, que *Diogéne* interrogea pour son fils amoureux : *Qu'on se gardât bien d'arrêter la violence de cette passion si l'on vouloit conserver la vie des hommes.* En effet, si l'on s'opiniâtre à détruire notre humeur amoureuse, on détruit en même-tems notre tempérament, & par-là on nous cause des maladies, dont souvent nous ne guérissons jamais.

Cependant si notre passion est si forte, qu'elle nous aporte quelques incommodités fâcheuses, & que même elle nous en fasse apréhender d'autres qui ne le sont pas moins, nous pouvons alors nous servir des remédes que les Médecins nous proposent sur ce sujet ; mais avec une telle modération, que nous ne fassions rien dont nous ayons lieu ensuite de nous repentir.

L'expérience nous aprend que *l'air froid, les alimens qui font peu de sang & d'es-*

271 *Tableau de l'amour conjugal*, d'esprits, le jeûne, l'eau en boisson, l'aplication à l'étude, le travail & les veilles, sont des remédes propres à combattre un amour déréglé. De plus, éviter la compagnie de la personne que l'on aime éperdûment, & se lier d'amitié avec une autre, fuir la nudité dans les portraits & dans les statues, ne lire jamais des livres qui nous excitent à l'amour, & ne point regarder des animaux qui se caressent, sont encore de puissans moyens pour corriger cette passion : car le grand secret pour vaincre ici & pour remporter la victoire, c'est de ne combattre point, ou de ne combattre qu'en fuyant.

Mais tous ces remédes sont peu de chose pour un homme qui aime passionnément, & qui d'ailleurs est d'une telle complexion, qu'il aimeroit quand il ne voudroit pas aimer. Il faut quelqu'autre reméde qui fasse plus d'impression sur lui même, & qui lui arrache par force, pour parler ainsi, l'amour déréglé dont son imagination est blessée.

Je ne m'arrêterai point ici à décrire tous les remédes que nos Médecins ems'employent à combattre cette passion. Je proposerai seulement ceux qui ont le plus de force à la détruire, ou plutôt à la diminuer. Mais avant que de les proposer, il me semble que l'on doit sçavoir que tous les tempéramens ne sont pas égaux, & qu'il y a des remèdes qui diminuent le sang, les esprits & la semence, en émoussant la pointe dans les uns, & qui cependant en d'autres en produisent abondamment.

Ce que j'avance seroit difficile à croire, si l'expérience par laquelle nous sçavons presque tout ce que nous sçavons, ne nous en instruisoit. La *laituë* & la *chicorée*, par exemple, s'oposent presque dans tous les hommes à la génération de la semence ; mais je sçai certainement, que dans quelques-uns principalement, s'ils en mangent le soir, elles en engendrent une telle abondance, qu'ils se polluent la nuit en dormant. La même expérience nous aprend encore, que le *poivre* & le *gingembre* diminuent la semence, & dissipent les vents qui sont si nécessaires à l'action de l'amour ; cependant il y

en

en a d'autres qui sont beaucoup plus amoureux qu'auparavant, quand ils en ont usé.

La raison de ces effets si différens n'est fondée que sur la variété des complexions des hommes. La *laituë* qui nous rend pour l'ordinaire lâches en amour, par l'aveu de toute l'Antiquité, rend ceux ci plus amoureux, en tempérant leur chaleur & leur sécheresse excessive, par sa froideur & par son humidité. Leurs parties naturelles étant ainsi tempérées acquiérent ensuite un tempérament égal, qui est la cause de la vigueur de toutes ces parties là. Le *poivre*, au contraire, dissipant les humeurs superfluës de ces autres, échauffe & desséche leurs parties génitales, qui sont naturellement froides & humides, & leur procurant ainsi un tempérament égal, il augmente leur force, qui est ensuite la cause d'une coction plus avantageuse, ou, pour parler avec le sçavant *Daniel Tauvri*, Docteur en Médecine, qui me cite cet endroit dans son Livre de Médicamens. Les remèdes qui augmentent la semence, sont

considéré dans l'état du Mariage. 275
sont presque tous remplis de parties huileuses & volatiles, si bien que les froids & les chauds agissant différemment sur diverses complexions, causent une abondance de semence & des pollutions nocturnes dans les hommes; car les premiers calment le mouvement du sang & tempérent les parties de la génération, les autres qui trouvent le sang en quelque espéce de repos, lui donnent du mouvement, & ainsi procurent aux parties de la génération une filtration abondante de semence dans les uns & dans les autres.

C'est encore par la même expérience que nous sçavons qu'il y a des remédes chauds ou froids, que les uns & les autres dissipent ou étouffent notre feu & s'oposent à notre concupiscence. Nous en prenons par la bouche, & nous nous en apliquons par dehors, afin d'éteindre de toutes parts cet amour déréglé, qui nous cause tous les jours tant de désordres.

Je ne dirai rien ici des *ceintures rafraîchissantes*, des *lames de plomb* que l'on s'aplique sur les reins, des *roses* blanches dont on parseme son lit, de *la mandragore*, des *groseilles rouges*, du *citron aigre*, & de tous les autres remédes qui s'oposent à la génération de la semence, en nous rafraîchissant & en nous desséchant beaucoup. Je dirai seulement quelque chose de ceux qui ont le plus de force à éteindre notre feu & à détruire notre semence.

Le *lys d'étang blanc*, que quelques-uns apellent *Volet*, & que nos Apoticaires nomment *Nénupar*, aussi bien que les Arabes, a une qualité si particuliére pour combattre nos desirs amoureux, qu'au raport de *Pline*, son usage pendant *douze jours consécutifs* empêche la génération de la semence; & si nous en usons pendant quarante jours, nous ne sentirons plus les éguillons de l'amour. Sa sécheresse, jointe à la froideur de cette plante, est si active, qu'elle desséche & rafraîchit toutes nos parties, sans que d'ailleurs nous en ressentions aucune incommodité. C'est par ces qualités, si nous en croyons *Galien*, qu'elle entretient notre voix & nourrit notre corps, & que

que s'oposant à la génération de la semence, elle empêche la dissipation des esprits qui se pourroit faire par les mouvemens de l'amour.

On en use diversement; tantôt l'on en fait une décoction, du syrop, de la conserve, de l'eau distilée au bain marie, & tantôt l'on en compose un liniment.

Bien que nous n'ayons pas la *Ciguë* des *Athéniens*, qui est d'un verd obscur & d'une puanteur insuportable, cependant la nôtre ne laisse pas de nous incommoder par sa froideur quand nous la mangeons, témoin *François Trampélinus*, Précepteur de *Pomponace*, qui en ayant mangé dans un souper, fut troublé bien-tôt après: témoin encore le Chevalier *Nasarimus Bassanus*, qui en ayant aussi mangé en guise de racines de persil, en devint aussi tôt insensé.

Nous sçavons pourtant, sur le raport de *Scaliger* & d'*Anguillara*, que les Piémontois en coupent le germe, quand elle pousse au Printems & qu'ils en mêlent dans des salades, & que quelques pauvres d'Italie s'en servent encore aujourd'hui avec du pain, en forme d'asperges. *Jules Scaliger* avouë même en avoit mangé en guise de *Chervi*, sans en avoir été incommodé; & *S. Jérôme* nous assure que les Prêtres d'Athénes par l'usage qu'ils faisoient de la *Ciguë*, cessoient de ressentir les mouvemens de la concupiscence. La *Ciguë* n'a donc point de mauvaises qualités, selon la pensée de ces Auteurs; & *Mercurial* n'auroit jamais conseillé aux femmes d'en boire la décoction, pour empêcher de tomber dans les excès de l'amour, s'il n'eut été persuadé qu'elle ne produisoit point de mauvais effets.

De tout cela on peut conclure qu'il y a des espéces différentes de *Ciguë*, ou que la force des personnes qui en usent résistent plus ou moins à la vertu de cette plante: ou qu'enfin, ce que je croirois plutôt, les unes en prennent peu & les autres beaucoup: car *Galien* nous aprend que si nous en usons avec modération, elle nous rafraîchit & dissipe notre semence: au contraire, si nous en prenons un peu plus, elle nous rend

rend ſtupides : & enfin elle nous tuë, ſi nous en mangeons beaucoup.

Après cela l'on ne doit point être ſi ſcrupuleux dans l'uſage de notre *Ciguë* que le ſont quelques Médecins d'aujourd'hui, qui ne veulent pas même que l'on s'en ſerve par dehors en petite quantité ; & l'hiſtoire de *Socrate*, qui mourut après avoir bû un mélange de *Ciguë*, ne nous doit pas faire craindre d'uſer de la nôtre avec modération. Puiſque la boiſſon de la *Ciguë* des Athéniens étoit une poiſon éguiſé avec de l'*Opium* que l'on mettoit dans du vin. Cependant nous aprenons de *S. Baſile*, dans ſa ſeptiéme Homélie, que non ſeulement les Prêtres Athéniens uſoient de leur *Ciguë*, qui eſt plus ennemie de l'homme que la nôtre, pour dompter leur tempérament amoureux & pour effacer de leur eſprit les idées laſcives ; mais encore, que les femmes incommodées de la fureur de la matrice en étoient entiérement guéries, quand elles s'en étoient ſervies.

De tous les remédes chauds, qui détruisent la semence & qui combattent les vents, il n'y en a point que l'on estime avoir plus de force, que le *Camfre*, l'*Agnus-castus*, & la *Ruë*. Ce sont ces remédes, a ce que l'on dit, qui causent aux hommes & aux femmes la chasteté & la stérilité même, & qui dissipent tous les fantômes que l'amour peut présenter à leur imagination.

Le *Camfre crud*, que l'on nous aporte de *Perse*, de la *Chine* ou de l'*Isle de Bornée*, est une espéce de gomme, que quelques Médecins pensent être froide & séche, parce qu'étant mêlée avec quelques remédes froids, ces remédes rafraîchissent avec beaucoup plus de force.

Mais d'autres soûtiennent le contraire, & croyent que le *Camfre* est chaud & sec au second degré, parce qu'il échauffe la langue & l'estomac, qu'il a une odeur pénétrante, qu'il enflâme & qu'il brûle même dans l'eau. En effet, je n'ai point trouvé de meilleurs remédes dans les épuisemens que cause l'étuve, que de mettre dans la bouche le gros de *Camfre*, comme la tête te d'une épingle ; dès qu'il se fond à l'humidité de la bouche, il envoye par tout le corps des esprits qui nous récréent, & tombant ensuite dans notre estomac, il nous échauffe & nous incommode même par sa chaleur, si nous en prenons beaucoup.

Quelques Medecins pensent que les hommes qui en usent souvent sont pour la plûpart stériles, parce qu'ils ont apris qu'il avoit la propriété d'éteindre notre feu & la semence même. En effet, sa sécheresse est trop considérable pour ne pas dessécher nos humidités, & sa matiére trop subtile pour ne pas faire évaporer les parties spiritueuses de notre semence.

Mais cette pensée, quelque aparence qu'elle ait, & l'expérience qu'en fit *Scaliger* sur une chienne de chasse, n'empêchent pas que nous ne demeurions toujours dans notre sentiment ; sçavoir, que nous ne croyons pas qu'il puisse éteindre la semence, ni empêcher la génération. Car comme l'opinion contraire n'est pas bien établie par l'expérience, & que l'histoire de *Jules Scaliger*

Scaliger est unique, nous avons lieu de croire qu'il n'est pas ennemi de la génération des hommes. Ce que je pourrois prouver par moi-même & par *Tachénius*, qui nous assure que ceux qui purifient le *Camfre* à Venise & à Amsterdam sont très-amoureux & très-féconds.

Les femmes Athéniennes, qui servoient aux cérémonies que l'on faisoit à l'honneur de *Cérès*, préparoient des lits avec des branches d'*Agnus castus* dans le Temple consacré à cette Déesse. Elles avoient apris par l'usage, que l'odeur des branches de cet arbre combattoit les pensées impudiques & les songes amoureux. A leur exemple, quelques Moines Chrétiens se font encore des ceintures avec des branches de cet arbre, qui se plient comme de l'ozier, & ils prétendent par-là s'arracher du cœur tous les desirs que l'amour y pourroit faire naître. En vérité la semence de cet arbre, que les Italiens apellent *Pipérella*, & que *Serapion* nomme le poivre des Moines, fait de merveilleux effets pour se conserver

dans

considéré dans l'état du Mariage. 283
dans l'innocence ; car si l'on en prend le poids d'un écu d'or, elle empêche la génération de la semence ; & s'il s'en fait encore après en avoir usé, elle la dissipe par sa sécheresse ; & puis sa qualité astringente resserre tellement les parties secrettes, qu'après cela elles ne reçoivent presque plus de sang pour en fabriquer de nouvelle. N'est-ce point pour cela que la Statuë d'*Esculape* étoit faite de bois d'*Agnus-castus*, & qu'aujourd'hui dans la cérémonie du Doctorat des Médecins, on ceint les reins du nouveau Docteur avec une chaîne d'or, qui rafraîchit de lui-même, pour lui marquer qu'en faisant la Médecine, il doit être pudique & retenu avec les femmes.

La *Ruë* séche produit les mêmes effets. Sa semence, qui est chaude & séche au troisiéme degré, aussi bien que celle de l'*Agnus-castus*, desséche tellement notre semence, qu'il n'en reste presque point pour faire des épanchemens amoureux : & si l'on en prend de tems en tems le poids d'un écu d'or, l'on se trouve ensuite impuissant

sant auprès d'une femme, quelqu'effort que l'on puisse faire.

Je ne sçaurois passer ici sous silence le reméde horrible dont se servit *Faustine*, fille de l'Empereur *Antoine le Débonnaire*, pour calmer l'amour déréglé qu'elle portoit à un *Gladiateur*. L'Empereur qui l'aimoit tendrement, se persuadoit qu'elle avoit été enchantée, & il croyoit qu'il étoit impossible sans charmes, qu'une femme abandonnât un mari, qui avoit de si belles qualités, comme avoit *Antoine* le Philosophe, pour aimer un *Gladiateur*. C'est ce qui l'obligea à envoyer consulter les Caldéens, qui lui firent réponse, que *Faustine* devoit boire du sang de celui qu'elle aimoit, & coucher ensuite avec son mari, pour haïr horriblement ce premier homme. En effet, le succès répondit à la promesse : & *Antonius Commodus* nâquit de ces embrassemens, qui dans le tems se délecta au meurtre, comme le meurtre avoit été la cause de sa vie.

ARTI-

ARTICLE V.

Des remédes qui excitent l'homme à embrasser ardemment une femme.

JE dis encore une fois, que je ne prétens point écrire pour des personnes qui ont l'esprit mal tourné; mon dessein n'étant pas d'enseigner les excès de l'amour; ce seroit favoriser le vice, & en même tems détruire la santé des hommes.

La matiére que je traite est comme un couteau à deux tranchans, qui fait du bien à ceux qui le prennent à propos, & du mal aux autres qui ne sçavent pas le manier. Si je suis la cause de quelques excès, il ne faut pas m'en imputer le blâme; on doit plutôt blâmer ceux qui se laissent molement aller au crime, & qui n'ont pas assez de vertu pour le soutenir. La terre n'est pas la cause de notre yvresse, bien qu'elle nous donne tous les ans ses liqueurs agréables : elle n'est pas non plus la

cau-

cause de notre mort, quoiqu'elle nous présente ses herbes vénimeuses.

J'écris donc pour des maris qui sont foibles, par des défauts naturels, par l'âge, par les désordres de leur vie passée, ou par quelque longue maladie; qui n'ont pas assez de force pour engendrer ni pour satisfaire leur femme; qui cherchent par tout des moyens pour avoir des successeurs légitimes, & qui n'épargnent ni leur bien, ni leur santé même pour y réussir.

Je m'étonne de ce que les Casuistes, qui ont écrit tant de bagatelles sur la matière que je traite dans ce Livre, ayent oublié cette question importante, & qu'ils ne nous ayent point du tout enseigné, si c'étoit un crime de s'exciter, ou pour rendre le devoir à une femme, ou pour engendrer un enfant; car ces deux fins sont, ce me semble, fort raisonnables, au lieu que la volupté ne l'est pas. Quoiqu'il en soit, nous tâcherons d'en parler, selon que la nature nous en instruira, & que l'expérience nous donnera des lumières pour connoître les remédes qui sont les

plus

plus propres à nous exciter à l'amour.

La nature a mis dans le cœur de tous les hommes un violent desir d'avoir des enfans pour successeurs & pour héritiers de leur nom & de leur bien. Je ne vois donc pas de crime à seconder cette inclination si naturelle, pourvu qu'elle tienne dans de justes bornes; mais hormis cela, je ne craindrois point d'imiter un Médecin Italien, qui donna à un vieillard un reméde purgatif pour un reméde amoureux.

Je ne veux point parler ici de tous les remédes qui nous excitent à l'amour, & qui produisent beaucoup de matiéres dans nos parties secrettes, comme sont les *jaunes d'œufs*, les *testicules de coq*, les *chancres*, les *chévrettes*, les *écrevisses*, la *moële de bœuf*, le *vin doux*, le *lait*, & les autres choses qui nourrissent beaucoup. Je ne dirai rien aussi des remédes qui causent des vents, comme les *artichauts*, l'*ail cuit*, l'*hippomane*, le *membre de cerf* ou de *taureau*, tué au mois de Mai ou d'Octobre, les *cubebes*, &c. Je m'arrêterai seulement à ceux qui ont plus de force pour encourager un homme à embrasser vigoureusement une femme.

Je dirai donc en peu de mots ce que je pense du petit *Crocodile*, que les Latins apellent *Scincus*, & que l'on pourroit nommer *Crocodile terrestre*, & que l'on apelle aux Antilles *Mabouia* & *Brochet terrestre*, du *Chervi*, du *Satyrion*, du *Borax*, de l'*Opium*, des *Cantharides*, & de l'*Herbe* dont parle *Théophraste*; mais j'avertirai encore ici ceux qui sont lents dans l'exercice de l'amour, de ne se servir de ces remédes qu'après avoir inutilement employé les autres moyens naturels & légitimes.

Parce que nous ne connoissons presque point en France le petit *Crocodile*, qui se trouve ordinairement en Egypte, & que nous n'en avons l'expérience que par le raport d'autrui, nous nous contenterons de dire que la chair d'autour de ses reins, mise en poudre & buë dans du vin doux, du poids d'un écu d'or, fait des merveilles pour exciter un homme à l'amour, aussi l'a-t-on fait entrer dans la composition qui irrite nos parties secretes

cretes & qui fait aimer éperdument.

Ce ne sont que les noms différens que chaque Nation donne aux plantes, qui nous troublent le plus souvent quand il en faut parler: plus une plante a de vertu, plus on lui a donné de noms: témoin le *Chervi*, dont les Auteurs qui en ont traité, ont fait une telle confusion, qu'il faut avouer que les plus éclairés dans la science des Plantes ont bien de la peine aujourd'hui à débroüiller ce que les anciens & les nouveaux Herboristes nous en ont voulu dire. Les uns l'ont nommée *Genicula*, ou *Genichella*; les autres l'ont apellée *Fraxinelle*. *Avicenne* lui a donné le nom de *Langue d'Oyseau* Pline de *Langue d'Oyson*, & les Arabes l'ont désignée par celui de *Secacul*. Ce n'est pourtant ni la *Renoüée*, ni le *Sceau de Marie* de *Dioscoride*, ni le *Dictam*, ni le *Frêne*, ni enfin l'*Ornithagalon* des Anciens; parce que tous ces noms marquent des plantes particuliéres & différentes.

Ce que nous apellons *Chervi*, & qui est aujourd'hui en France assez connu par ce nom là, a tant de vertu pour exciter les hommes à aimer, que *Tibére*, l'un des plus lascifs de tous les Empereurs, si nous en croyons l'Historien, en faisoit venir tous les ans d'Allemagne pour s'exciter avec ses femmes. En effet, tous les Médecins demeurent d'accord de ses qualités, & disent qu'il engendre beaucoup de vents & de semence, aussi bien que l'artichaut. Ce qui oblige encore aujourd'hui les femmes *Suédoises*, au raport des Matelots qui viennent du Septentrion, d'en donner à leurs maris quand elles les trouvent trop lâches à l'action de l'amour.

Le *Satyrion* est une plante dont on fait plusieurs espéces, & dont on peut user indifféremment pour les effets que nous en espérons; sa racine represente ordinairement deux testicules de chien; la bulbe basse est succulente & dure, & la haute toute flétrie & molette, comme étant la plus vieille: c'est cette premiére racine que l'on doit toujours prendre quand on en a besoin. Cependant le *Satyrion*, qui
n'a

n'a qu'une seule racine bulbeuse, doit être préféré aux autres, selon le sentiment de plusieurs Médecins ; mais quoiqu'il en soit, les bulbes de toutes ces plantes font beaucoup de semence & engendrent beaucoup de vents, si on les fait cuire sous la cendre, comme des *Truffes*, & si on les mêle ensuite avec du beure frais, du lait & du girofle en poudre, ou qu'on les fasse confire au sucre, comme l'on en vend aujourd'hui chez les Droguistes de Paris. Ces racines, par leur humidité superfluë, enflant nos parties naturelles, nous rendent semblables à des Satyres, d'où cette plante a pris son nom. On lui attribuë tant de vertu, qu'il y en a qui pensent que pour s'exciter puissamment à l'amour, il ne faut qu'en tenir dans les deux mains pendant l'action même.

C'est cette racine qui a donné le nom à ce fameux mélange que les Médecins ont nommé *Diasatyrion*. Si l'on en prend le matin & le soir la pesanteur d'un demi écu d'or, avec du vin doux ou du lait de vache, pendant sept ou huit jours, ils aſſûrent que les vieillards reprendront la vigueur de leurs jeunes ans, pour ſatisfaire leurs femmes & pour ſe faire des ſucceſſeurs. On débite une boiſſon gluante dans les cabarets de Perſe, dont la baſe eſt une eſpéce de *Satyrion*, qui eſt fort commun dans ce Royaume-là ; elle échauffe beaucoup ; auſſi la boit-on chaude, comme le caffé. C'eſt pour cela que les Perſes en uſent plutôt pendant l'Hyver que durant l'Eté, principalement dans les Villes Septentrionales de ce païs là. Ils l'apellent *Scareb Thaleb* ; c'eſt-à-dire, *Sirop de renard* ; parce que le *Satyrion* a ſes bulbes ſemblables aux teſticules de cet animal. Quelques-uns ont crû que c'étoit l'herbe amoureuſe de *Théophraſte*, ce que nous examinerons ci-après.

Le *Borax* rafiné eſt du nombre de ces remédes qui excitent puiſſamment à l'amour. Il eſt une eſpéce de ſel, dont uſent aujourd'hui nos Orfévres, pour faire fondre plus aiſément l'or qu'ils mettent en œuvre. Il pénétre toutes les parties de notre corps, il en ouvre tous

considéré dans l'état du Mariage. 293
tous les vaisseaux, & par la ténuité de sa substance, il conduit aux parties génitales tout ce qui est capable en nous de servir de matière à la semence. Il a tant de vertu, ainsi que l'expérience me l'a souvent fait connoître, que si l'on en donne à une femme qui ne peut accoucher un ou deux scrupules dans quelque liqueur convenable, l'on en verra bien-tôt des effets surprenans. Il se porte d'abord aux parties naturelles, & y produit tout ce que l'on peut attendre d'un remède qui a été tenu fort long-tems pour un secret.

On ne doit pas apréhender d'en user par la bouche ; l'usage n'en est point dangereux : & si quelques Médecins ont écrit qu'il étoit un poison, ils ont confondu la *Chrysocolte* des Grecs avec la *Baurach* des Arabes ; l'un & l'autre servant à faire fondre l'or plus aisément. C'est ainsi que les mêmes effets des drogues, & que la différence des noms que l'on impose aux choses, ont souvent trompé les hommes les plus doctes & les plus éclairés.

Si Fallope, de Lobel, Rodriguez à Casto
&

& *Mercurial* s'en font heureusement servis dans des maladies des femmes, nous ne devons pas en avoir de l'horreur; & si ce dernier Médecin nous assûre qu'il agit si puissamment sur les parties naturelles de l'un & de l'autre sexe, qu'il jette même les hommes dans le *priapisme*, si l'on en use avec excès, nous pouvons hardiment nous en servir avec modération.

Peut-être me blâmera-t-on de ce que je place ici avec les remédes qui excitent à l'amour, l'*Opium*, que toute l'Antiquité a crû être froid au quatriéme degré, & tuer les hommes par l'excès de cette qualité. Bien loin, dira-t-on, de nous enflâmer auprès d'une femme, il nous cause le sommeil & nous rend stupides, au lieu de nous rendre amoureux. Mais si nous faisons réflexion qu'il est amer & âpre à la bouche, qui s'enflâme au feu, & que les Orientaux en usent pour être vaillans à la guerre & auprès des femmes, nous ferons sans doute d'un tout autre sentiment.

Quand l'Empereur des *Turcs* leve

une armée, les soldats se garnissent d'*Opium*, qu'ils apellent *Amsiam*, ou *Assion*, pour s'en servir comme nos matelots de tabac, si nous en croyons *Bellon*. Une petite dose prise par la bouche excite des vapeurs qui montent au cerveau, troublent bénignement l'imagination, comme fait le vin; mais une dose excessive fait entièrement évaporer notre chaleur naturelle, & dissipe tout à fait nos esprits, comme le *safran*, si nous en prenons beaucoup.

Les Orientaux, qui aiment naturellement l'excès de l'amour, ont l'imagination incessamment embarassée d'objets lascifs : & lorsqu'ils ont pris un peu d'*Opium*, auquel ils sont accoûtumés, elle s'échauffe alors & le trouble plus qu'auparavant ; & comme ils ressentent des démangeaisons & des chatouillemens par tout le corps, & principalement à leurs parties naturelles, je ne m'étonne pas s'ils sont si étourdis à la guerre & si lascifs avec les femmes.

C'est un poison pour nous qui n'y sommes point accoûtumés, à moins que nous ne soyons aussi sains & aussi robustes que l'étoit *M. Charas*, quand il en prit douze grains. Pour moi j'ai de la peine à en donner deux ou trois grains de crud à mes malades les plus vigoureux, me souvenant toujours des funestes effets que j'ai vû arriver par le mauvais usage de ce remède & des préceptes que nous donne *Zuingérus* sur cette drogue.

Je ne m'étonne pas si les Turcs & les autres Orientaux ont une inclination si déréglée à prendre de l'*Opium* pour joüir d'une volupté indicible. Pour moi, qui ai éprouvé les vertus de cette drogue dans une maladie presque désespérée en 1688. je dirai sincérement ce que j'en ai ressenti. Tous les remédes m'étoient alors inutiles dans les vomissemens excessifs, dans le fâcheux cours de ventre que je ressentois. Je crûs qu'il n'y avoit point au monde d'autre moyen de me sauver que de prendre 2. grains d'extrait simple d'*Opium*. Je ne l'eus pas p'ûtôt pris que je me sentis guéri, comme par miracle, & que pendant un jour entier, je ressentis des plaisirs que je ne sçaurois expri exprimer; une petite vapeur douce & chatouillante couloit insensiblement, comme je le pense, par les nerfs & par les membranes externes de mon corps. Cette vapeur me causoit une volupté excessive; car depuis la nuque du col & les épaules jusqu'au croupion, je sentois un chatouillement qui me causoit un plaisir parfait, puis cette vapeur agréable étoit portée aux pieds & aux genoux, où je ressentois encore, principalement autour de la rotule, des chatouillemens inexplicables. Ce plaisir se fit ressentir plusieurs fois en sommeillant pendant ce jour là, si bien que je ne fus pas fâché d'avoir été malade, pour avoir ressenti les plaisirs, qui sont un nombre de ceux du Ciel & une image d'une félicité bien imaginée. Je ne m'étonne donc pas si les Levantins sont si friands d'*Opium*, puisqu'il cause tant de plaisir à ceux qui en usent.

Les *Mouches Cantharides* ont tant de pouvoir sur la vessie & sur les parties génitales de l'un & de l'autre sexe, que si l'on en prend deux ou trois grains, l'on en ressent de telles ardeurs, que
l'on

l'on en est ensuite malade : témoin ce qui arriva ces années passées à un de mes amis qui vit encore. Son rival étant au désespoir de ce qu'il épousoit sa maîtresse, s'avisa de mettre des *Cantharides* dans une pâte de poires qu'il lui fit presenter le soir de ses nôces. La nuit étant venuë, le marié caressa tellement sa femme, qu'elle fut incommodée ; mais ces délices se changérent bien-tôt en tristesse, lorsque cet homme sur le minuit se sentant extrêmement échauffé avec une grande difficulté d'uriner, s'aperçut qu'il faisoit du sang par la verge. La peur lui augmenta le mal, qui fut accompagné de quelques foiblesses. On le traita avec tout le soin possible ; & l'on appliqua à son mal les remédes qui le guérirent avec de la peine.

L'herbe qu'*Androphile* Roi des Indes envoya au Roi *Antiochus*, étoit l'*herbe de Théophraste*, fort efficace pour exciter les hommes à embrasser amoureusement les femmes, & en cela surpassoit toutes les vertus des autres plantes, s'il faut en croire l'Indien qui en étoit le porteur. Il assuroit qu'elle lui

avoit

considéré dans l'état du Mariage. 299
avoit donné de la vigueur pour soixante-dix embrassemens ; mais il avoüoit aussi qu'aux derniers efforts, ce qu'il rendoit n'étoit plus de la semence.

Nous sçavons par ceux qui ont voyagé dans les Indes, que les Indiens sont beaucoup plus lascifs que nous ne le sommes, & que l'une de leurs principales occupations est de prendre avec les femmes les plaisirs que l'amour leur presente. Parce qu'ils se plaisent à cet exercice amoureux, ils ont trouvé des remédes pour s'y exciter davantage. Ils usent ordinairement de *Brétel*, d'*Aréca* ou de *Banghé*, qu'ils prennent quelquefois seul, & qu'ils mêlent souvent les uns avec les autres, ou avec un peu de *chaux de Coquille*.

L'herbe dont parle *Théophraste*, est sans doute l'une de ces trois choses : & si je suis un bon devin, je choisirois plutôt le *Banghé* que les deux autres, fondé sur cette conjecture, que le *Banghé*, au raport de *Clusius*, a des qualités semblables à celles de *Maslach*, *Meslack*, ou *Maeslack* des Turcs, qui n'est autre chose que l'*Amfiam* des Orien-

Tome I.   Cc   taux,

taux, selon la pensée de *Baubin*. Si l'*Amfiam* rend les hommes plus allégres & plus lascifs, ainsi que nous l'avons raporté ci-dessus, le *Banghé* ne produira pas de moindres effets, si nous en croyons ceux qui en ont usé ; c'est-à-dire, qu'il nous rendra ardens à caresser les femmes, & nous causera en dormant d'agréables rêveries, si l'on s'en sert en petite quantité. Mais si l'on en prend beaucoup, l'on en devient insensé ; témoin les femmes Indiennes, qui voulant témoigner l'affection qu'elles portoient à leurs maris pendant leurs vies, prennent beaucoup de *Banghé*, qu'elles mê ent avec du *Séfane*, & se jettent ainsi toutes insensées dans le feu, où l'on fait brûler les corps de leurs maris défunts.

Cette conjecture m'en fait naître deux autres ; l'une, que le *Banghé* des Orientaux est le *Bamjain* des Egyptiens, que *Césalpinus* dit avoir la semence dure & semblable à celle d'un petit cochon : l'autre que c'est l'herbe que nous apellons *Strammonium* ou *Pompe épineuse*, qui est une espéce de *Solanum*,

ou

ou plutôt que nous nommons *Chau-vre*, de la semence de laquelle on fait commerce dans l'Orient, comme dans l'Occident, de *Tabac*.

Ces conjectures sont apuyées sur le raport d'un honnête homme, qui a passé quelques années dans les Indes, & qui m'a dit que les Orientaux usoient d'une petite semence qui les rendoit comme insensés auprès des femmes, & il me l'a dépeinte semblable à celle du *Strammonium*. A quoi se raporte fort bien ce qu'avoit apris *Hofman* du Médecin *Ratzembach*, qui lui avoit dit que les Turcs avoient dans une Forteresse, qui fut prise par les Chrétiens en l'an 1595. une grande quantité de cette semence.

D'ailleurs, le *Strammonium*, que les Turcs apellent *Tatoula* ou *Datoula*, produit des effets semblables à ceux du *Banghé*; car si l'on donne un peu de sa semence avec du vin aux personnes qui y sont accoûtumées, il les rend joyeuses, & remplit leur imagination d'objets qui ne sont point désagréables; & parce que la plus grande passion des

Orien-

Orientaux, c'est celles qu'ils ont pour les femmes; il ne faut pas s'étonner si ayant l'esprit un peu troublé par la vertu de cette plante, ils ont en dormant d'agréables rêveries, qu'en veillant même ils se sentent extrêmement émûs auprès des femmes.

Mais il ne faut pas trop s'y joüer, car si ceux qui y sont le plus accoûtumés, en prennent la pesanteur de deux écus d'or, ils en deviennent insensés pendant trois jours: si la dose est un peu plus forte, ils en meurent, & une demie once tuë le plus robuste de tous les hommes.

Ces conjectures que j'avois faites autrefois n'étoient pas, ce me semble, mal fondées: cependant j'ai apris depuis, de bonne part, que le *Banghé* des Orientaux étoit une herbe & une composition, qu'ils apellent *Banghé*, l'une & l'autre, au moins les Perses & les Lévantins les nomment ainsi. Les Barbares de Madagascar & des Isles adjacentes les plus voisines de l'Afrique, les apellent *Aleth*, *Mangha*; les Égyptiens *Asis*, *Assis* ou *Axis*; & les Turcs

Aza-

Azarath; or l'*Affis* des Egyptiens ne signifie que de l'herbe par excellence, que je crois être notre *Chauvre*. Puis examinant le *Banghé* des Asiatiques & le *Bamjain* des Egyptiens, je trouve qu'ils sont le *Mangha* des Africains, à quelques lettres près. Ainsi on peut conclure que l'herbe lascive dont *Théophraste* fait mention, est plutôt le *Chauvre*, que toute autre chose, puisqu'elle a une odeur vireuse, qu'elle cause l'yvresse, & qu'elle trouble l'imagination. J'en dis de même de la composition que l'on en fait, comme je l'ai écrit fort au long dans mon Livre de la Boisson des Peuples. Ainsi il ne faut pas croire que ce soit ni le *Satyrion* ni le *Strammonium*, comme je l'ai dit, ni le *Surnag* des Africains, qui est peut-être notre *Satyrion*, ni enfin le *Ginzeng* des Chinois & des Tartares.

J'avoue que les Européens ne ressentent pas les mêmes effets de l'usage de ces *Narcotiques*, que font les Asiatiques & les Africains. La coûtume fait que ces drogues produisent des effets différens dans ceux qui en usent, & nous n'obfervons chez nous que la tranquillité de l'ame, le plaifir & la démangeaifon du corps, au lieu des égaremens amoureux qui fe remarquent chez les autres. Si tous ces remédes font affaifonnés avec de l'*ambre* ou du *mufc*, ils feront beaucoup plus efficaces & exciteront davantage à l'amour, l'expérience nous montrant que ces deux parfums portent les humeurs aux parties naturelles qui en font chatouillées. Je ne parlerai point ici de la *chair de lion*; parce que l'expérience a fait connoître qu'elle étoit ennemie des hommes; car un Médecin en ayant donné trois gros au *Calife Vaticus* pour l'exciter à aimer, il le tua au lieu de le guérir.

Les remédes que l'on prend par la bouche ne font pas les feuls qui excitent les hommes à embraffer amoureufement les femmes. Ceux que l'on aplique par dehors y contribuent beaucoup & l'on en forme des linimens pour en oindre les reins & les parties naturelles. Ces linimens fe font avec du miel, du *ftorax liquide*, de l'*huile de fourmis volans*, du *beurre frais*, ou de la *graiffe* se d'oïe sauvage ; on y ajoûte un peu d'*Euphorbe*, de *pied d'Alexandrie*, de *gingembre* ou de *poivre*, pour faire pénétrer le reméde, & l'on y mêle quelques grains d'*ambre gris*, de *musc* ou de *civette* pour le parfumer.

On peut encore apliquer des remédes sur les testicules des hommes lents, pour les exciter à aimer ; & comme ces parties sont la seconde source de la chaleur, selon le sentiment de *Galien*, ils la communiquent aussi à tout le corps ; car outre la force d'engendrer, ils fabriquent encore une humeur spiritueuse, qui nous rend robustes, hardis & courageux. Pour cela, on peut prendre de la *poudre de canelle*, de *girofle*, de *gingembre* & de *roses*, avec de la *Thériaque*, de la *mie de pain* & du *vin rouge*.

Mais cet homme, dont nous avons parlé ailleurs, après *Célius Rodiginus*, se servoit d'un plaisant reméde pour s'exciter avec une femme. Il se faisoit bien fouetter dans l'action ; & si quelquefois, par respect ou par pitié, on le fouettoit avec plus de modération, il se mettoit en colère contre celui qui l'é-

par-

pargnoit, si bien qu'il n'etoit jamais plus content, que lorsque la douleur l'obligeoit à satisfaire sa passion déréglée.

CHAPITRE VI.

Si l'homme prend plus de plaisir que la femme lorsqu'ils se caressent.

IL n'y a point de plaisir ni plus prompt ni plus grand que celui de l'amour ; il réjouit dans un instant tout notre corps & ravit de joye toute notre ame. Nous n'avons besoin ni d'industrie ni de maître pour nous aprendre à aimer. La nature nous a imprimé dans le cœur je ne sçai quoi d'amoureux, qu'elle cultive peu-à-peu, à mesure que nous croissons ; & quand elle nous incite à caresser une femme, je ne sçaurois dire en combien de maniéres elle nous fait naître des contentemens. Les aproches de l'amour sont aussi délicieuses que la joüissance même. Le plaisir est extrême quand nous y pensons par avance, & le souvenir en est agréa-

agréable. La douleur que nous souffrons à aimer, nous plaît autant que le plaisir même. Enfin toutes les passions de l'ame sont pour ainsi dire les esclaves de cette passion amoureuse.

Le sentiment vif & indicible que nous avons dans les plaisirs du mariage, nous fait connoître celui qui en est l'auteur; & je me persuade que Dieu a voulu nous y en faire connoître l'excès & la grandeur, pour nous indiquer ceux que nous devons espérer à l'avenir. Je n'aurois osé avancer cette pensée, si S. *Augustin* ne me l'avoit fournie dans son *Livre* 14. de la Cité de Dieu, *Chap.* 17. & je ne m'étonne pas, poursuit-il, si les plaisirs que nous prenons avec les femmes sont si excessifs, & s'ils surpassent tous ceux que les hommes peuvent ressentir, & s'ils nous touchent si vivement au-dedans & au-dehors : puisque notre ame & notre corps en sont si puissamment émus. La nature ne nous a pas permis d'éviter ces voluptés, quelques saints que nous soyons quand dans le mariage nous voulons nous apliquer à faire des enfans.

Si

Si la nature n'avoit mis des délices extrêmes dans l'action de l'amour, je ne sçaurois croire qu'un homme d'esprit pût se plaire à se repentir si souvent. Mais les idées trompeuses de l'amour sont si engageantes, qu'il est comme impossible pour s'en garantir ; & il faut que le plaisir que l'on prend avec les femmes soit bien grand, puisque selon le sentiment de la plûpart des Théologiens, les diables en sont si friands.

L'expérience de tous les jours nous fait voir que les plaisirs du mariage ne nous rendent pas heureux : au contraire, il y a peu de personnes qui ne se repentent après les avoir pris, comme nous venons de dire. Il faut faire peu de réflexions sur les attraits de l'amour, dont la nature nous a charmés, pour connoître que ce n'est pas où il faut nous arrêter : si bien que pour parler juste, il ne faut aimer les plaisirs du mariage que pour la génération, & peut-être pour être chastes & pour obéir aux ordres de Dieu, qui veut garnir le Ciel de Bienheureux, dont nous sommes les organes & les instrumens. Les hommes

mes charnels n'entendent pas ce langage ; il n'y a que les spirituels qui le goûtent : car ceux qui croyent que le bien de l'homme dans le mariage est dans la chair, & que le mal est ce qui les détourne des plaisirs ; que ceux-là s'en foulent, & qu'ils y meurent ! Mais ceux qui n'ont en vûe que d'obéïr à Dieu, & de satisfaire à ses Commandemens, qui ont une femme, comme s'ils n'en avoient point, comme parle *S. Paul*, & qui ont pour ennemis ceux qui les empêchent de faire leur devoir ; que ces personnes-là se consolent en Notre Seigneur.

Que si nous considérons le mariage, avec toutes ses suites, en qualité d'hommes charnels, nous n'y trouverons que des malheurs & des imperfections : mais si nous l'examinons en qualité de Chrétiens, nous verrons que c'est l'ouvrage de Dieu, que *Jesus-Christ* a perfectionné par sa grace, que nous avions perduë par notre corruption. Si nous ne nous servons du milieu de *Jesus-Christ*, tous nos plaisirs, quelques licites qu'ils puissent être, ne seront que
des

des malheurs & des disgraces. Le mariage, sans *Jesus-Christ*, est abominable; avec *Jesus-Christ*, il est aimable & saint, puisqu'il l'a sanctifié, avec tout ce qui en dépend.

J'avoué que nous ne sçaurions empêcher que l'amour ne se fasse par tout ressentir, & que les hommes les plus retirés qui habitent les *grotes* & les *deserts*, ne sçauroient éviter ses atteintes. Il les touche aussi-bien que nous, & cette passion se fait connoître dans les forêts les plus affreuses, aussi-bien que dans les villes les plus peuplées.

La volupté du corps consiste à ne ressentir aucune douleur. Celle de l'esprit réside dans la joie intérieure de n'être point esclave de ses passions: mais les plaisirs que nous prenons dans le mariage sont quelque chose de divin, s'ils ne passent par les bornes de la raison. C'est ce qui obligea les Anciens à établir une *Vénus* honnête & modeste, qui veilloit aux actions licites des femmes mariées; & c'est cette volupté que la nature a donnée comme des attraits pour la perpétuité de notre espèce.

Ce

Ce n'est point un crime que de prendre des plaisirs amoureux avec sa femme, si nous en voulons croire S. Bonaventure, & Salomon, le plus sage & le plus heureux des hommes, qui a le mieux parlé des plaisirs de l'amour, par l'expérience qu'il en avoit faite, & on ne doit point se persuader que la nature ait joint les plaisirs à la conjonction des sexes pour nous faire des crimes.

De ces trois sortes de voluptés ; sçavoir, du corps, de l'esprit & de l'amour, la derniére est sans doute la plus forte & la plus grande ; notre corps & notre ame se fondent de joie, pour ainsi dire, lorsque nous nous perpétuons : & ces deux parties de nous-mêmes ressentent tant de contentement, qu'on ne les a pû encore bien exprimer jusqu'à cette heure.

Si l'amour cause des égaremens & nous fait souvent perdre l'esprit, c'est une preuve de la violence de ses voluptés. Notre siécle nous fournit assez d'exemples malheureux, sans en aller chercher dans les siécles passés, pour nous aprendre cette vérité. La Chambre de Juſtice que notre grand Monarque a depuis peu établie contre les empoiſonneurs, nous marque aſſez par les Arrêts qu'elle donne, juſqu'où peuvent aller les emportemens de l'amour. Si les voluptés n'étoient pas ſi charmantes, & qu'elles n'euſſent pas tant d'empire ſur notre eſprit, nous n'en verrions pas tous les jours tant de funeſtes effets, & jamais *Viturio* & *Ferrier* n'auroient perdu la vie en la voulant donner à un autre, ſi l'amour ne les avoit charmés.

 L'homme & la femme goûtent tous deux des plaiſirs extrêmes quand ils ſe careſſent, & j'aurois peine à dire lequel des deux en reçoit le plus. Cependant, ſi l'on peut découvrir celui qui a les parties de la génération plus ſenſibles & plus entortillées, qui engendrent plus de veats, qui a l'imagination plus forte & le ſang plus chaud & plus mobile, je me perſuade que la queſtion ſera aiſée à décider.

 On ne doute point que nos parties ſecrettes ne ſoient beaucoup plus ſenſibles que celles des femmes; elles ſont

tou

toutes nerveuses, ou pour mieux dire, elles ne sont que des nerfs : au lieu que les parties des femmes sont charnuës & par conséquent moins sensibles que les nôtres. Si entre toutes les parties de notre corps, les nerfs ressentent une plus vive douleur quand on les touche, ils recevront aussi une plus grande volupté. D'ailleurs nos vaisseaux spermatiques par où passe la semence, sont extrêmement entortillés, & nos testicules ne sont, à proprement parler, qu'un tissu de nerfs & de vaisseaux, pliés les uns sur les autres : si l'on pouvoit déveloper nos vaisseaux spermatiques & qu'ensuite on les mesurât, je ne mentirois point, en disant qu'ils sont plus longs huit ou dix fois que nous ne sommes hauts, au lieu que ceux des femmes ne sont pas plus longs que le doigt.

Si les vents sont nécessaires pour les plaisirs de l'amour, ainsi que nous l'avons prouvé ailleurs, nous avouërons que les hommes n'étant pas si réglés dans leur façon de vivre que les femmes, ils engendrent aussi beaucoup plus de vents & d'esprits flâteurs.

Nous avons encore l'esprit plus ferme & l'imagination plus forte que les femmes; les filets de notre cerveau sont plus tendus & plus durs; & quand nous aimons, nous aimons plus fortement & plus voluptueusement. Les femmes au contraire ont l'esprit plus inconstant & l'imagination plus foible. Les fibres de leur cerveau sont plus molettes & plus flexibles; & bien qu'elles paroissent quelquefois aimer plus ardemment, elles ne ressentent pas pour cela plus de volupté que nous dans les caresses amoureuses.

Enfin notre sang est plus chaud & plus âpre que le leur; il s'agite avec plus de force; & il s'est vû des hommes trembler de froid à l'aproche d'une femme qu'ils vouloient embrasser, le cœur & le cerveau se défaisant alors de la plus grande partie de leur chaleur & de leurs esprits, pour les envoyer avec précipitation aux parties naturelles.

Nous sommes navrés de joie, quand la semence toute enflée d'esprits se fait passage au travers de nos vaisseaux entortillés. Les vapeurs chaudes & cha-
touïl-

toüillantes qui s'en élévent, & le mouvement précipité des esprits, qui pénétrent nos membranes, ne contribuent pas peu à nos voluptés excessives.

Bien que les femmes soient vivement touchées des plaisirs de l'amour, quand nous les embrassons, je ne sçaurois croire que leur volupté y soit plus grande : leur semence est plus liquide & moins chaude ; elle n'est pas remplie de tant d'esprits, & ne se darde pas si promptement que la nôtre.

Quoiqu'il en soit, on pourroit dire que la question demeure toûjours indécise, & que l'on ne sçauroit la décider si l'on ne prend pour juge *Tirésias*, qui ayant été femme & homme tout ensemble, peut mieux juger qu'aucun autre du plus grand plaisir de l'un ou de l'autre des sexes. Ce fut lui qui décida en faveur de *Jupiter* contre *Junon*, & qui prononça que les femmes prenoient plus de plaisir que les hommes, quand elles en étoient embrassées.

En effet, on pourroit dire que les parties naturelles des femmes s'agitent

avec

avec plus de violence, quand elles veulent être humectées par la semence de l'homme, & la femme ressent un plus grand plaisir, lorsque ces parties attirent & succent nos humeurs, qu'elles les pressent de toutes parts par la conception, & qu'elles s'épuisent elles-mêmes par des épanchemens considérables ; si bien qu'il s'est trouvé quelqu'un qui a hardiment avancé que le plaisir des femmes surpassoit d'un tiers celui des hommes.

Mais sans m'arrêter à ce dernier sentiment, qui ne me paroît pas le plus véritable, je conclurai avec *Hypocrate*, que les femmes ont beaucoup moins de volupté que nous, mais que leur plaisir dure plus long-tems. Car puisque la nature fait notre plaisir de peu de durée, elle a aussi voulu qu'il fût extrême, au lieu que le contentement des femmes étant moindre, elle les a récompensées en le faisant beaucoup plus durer ; & c'est sans doute cette raison qui fit déterminer *Tirésias* a donner gain de cause à *Jupiter*, prenant la durée pour l'excès du plaisir.

ARTI-

ARTICLE I.

De la maniére dont les personnes mariées doivent se caresser.

JE n'aurois jamais traité cette matiére, si je ne l'avois trouvée dans les Livres des Casuistes si mal agitée, qu'il est impossible que l'on ne puisse tirer des conséquences véritables, à moins que de faire tort à la vérité. Le fondement de cette question se trouve dans l'expérience, dans les Livres de la Nature, ou dans ceux des fameux Médecins, que la plûpart des Théologiens, des Casuistes & des Confesseurs n'ont jamais lûs, si bien que je ne m'étonne pas s'ils se trompent si lourdement dans ces sortes de matiéres.

La fin du mariage, selon le sentiment de l'Eglise, est de faire des enfans ou d'assouvir médiocrement sa concupiscence. Elle blâme la seule volupté dans les caresses des femmes, & la condamne comme un

cri-

crime capital, si elle passe les bornes de la raison.

La Religion Chrétienne a donc en abomination les caresses de l'homme & de la femme qui ne se font que par délices; & la Médecine qui s'employe à conserver la santé des hommes, nous donne des loix qui ne peuvent souffrir que nous abusions des contentemens que la nature nous y presente. C'est contre ce vice abominable que *S. Paul* crie si haut dans le *Chapitre I.* de son *Epître aux Romains.*

Toutes les postures de la Courtisane *Cyréne* inventa autrefois, jusqu'au nombre de douze pour se caresser; que *Pheilenis* & *Astynasse* publiérent, qu'*Eléphanits* composa en vers *Léonins*, & que l'Empereur *Tibére* fit ensuite peindre autour de sa sale, nous font bien voir que les femmes sçavent mieux que nous toutes les souplesses de l'amour, & qu'elles s'abandonnent plus aux voluptés amoureuses: en effet, leur passion est plus violente & leur plaisir dure plus long-tems; c'est comme un feu qui s'entretient dans du bois verd;

verd, par la foiblesse & la legereté de leur jugement.

Quoi qu'un homme ait entrepris de parler dans ces derniers siécles des postures de l'amour, & qu'il en ait fait graver de belles planches par les *Caraches*, je suis pourtant persuadé qu'il n'y a pas si bien réussi que les femmes qui s'en sont mêlée: car dans ces sortes de matiéres, par tout où elles sont elles emportent le prix.

La nature a apris à l'un & à l'autre sexe les postures permises & celles qui contribuent à la génération, & l'expérience a montré celles qui sont défenduës & celles qui sont contraires à la santé.

Nos parties amoureuses n'ont pas été faites pour nous caresser debout, comme les érissons; nous altérons notre santé dans cette posture, & nous nous oposons même à la génération, car toutes nos parties nerveuses travaillent alors & se ressentent de la peine que nous nous donnons. Les yeux en sont ébloüis, la tête en pâtit. l'épine du dos en souffre, les genoux en trem-

tremblent, & les jambes semblent succomber à la pesanteur de tout le corps. C'est la source de toutes nos lassitudes, de nos goutes & de nos rhumatismes. Mais encore la génération en est empêchée; car la matière que nous communiquons à une femme, n'est jamais bien reçuë dans le lieu que la nature a destiné à cet usage. Le conduit de la pudeur est trop pressé par la posture de la femme, quand nous les embrassons ainsi.

Etre assis n'est pas non plus une posture qu'il faut à un amour bien réglé. Les parties naturelles ne se joignent qu'avec peine, & la semence n'est pas toute reçûë pour faire un enfant accompli dans toutes ses parties.

L'homme, qui selon les loix de la nature, doit avoir l'empire sur sa femme, & qui passe pour le maître de tous les animaux, est bien lâche de se soumettre à une femme, quand ils veulent prendre ensemble des plaisirs amoureux. Si cette femme est émuë d'une passion déréglée, & qu'elle veüille s'abandonner aux voluptés d'un amour
im-

considéré dans l'état du Mariage. 321
impudique, il n'est pas de l'honnête homme de lui plaire ni de se soûmettre lâchement à elle. C'est une atteinte qu'il donne à son privilége & une honte qu'il s'attire par sa propre complaisance.

Au lieu de faire des enfans, on rend par cette posture une femme stérile ; & si par hazard il en vient quelqu'un, il est petit ou imparfait. Le peu de matiére que le pere a donné pour le former, a été si peu fournie d'esprits, que l'ame qui doit un jour s'en servir comme d'instrumens pour ses plus belles facultés, ne fait dans la suite rien qui vaille, & les enfans en deviennent nains, boiteux, bossus, louches, imprudens & stupides. Il ne faut point aller chercher ailleurs des marques du déréglement de ceux qui leur ont donné la vie, que ces mêmes enfans contrefaits.

La plus commune des postures est celle qui est la plus licite & la plus voluptueuse ; on se parle bouche à bouche, on se baise & on se caresse, quand on s'embrasse par devant.

Si un homme est trop pesant, & que la femme soit extrêmement délicate,
il

il me semble qu'on n'agiroit pas contre les loix de la nature, si l'on se caressoit de côté, à l'imitation des renards : on éviteroit par cette posture tous les accidens auxquels une femme délicate peut être exposée dans la posture la plus commune, & il n'arriveroit jamais par-là de suffocations ni de fausses-couches.

Je mettrois ici la posture de caresser une femme par derriére, parmi celles qui sont contre les loix de la nature, si un Philosophe & deux Médecins ne me disoient le contraire. En effet, toutes les bêtes, si nous en exceptons quelques-unes, se joignent de la sorte ; & pour engendrer, la nature ne leur a point apris d'autre moyen que celui-là. La matrice des femmes est alors plus en état de recevoir la semence du mâle ; elle la retient & la fomente plus commodément ; si bien que ne s'écoulant pas si aisément de leurs parties naturelles que dans une autre posture, l'expérience leur a fait voir que l'on rendoit ainsi des femmes fécondes, qui étoient stériles auparavant.

Il est certain que l'Anatomie nous montre que la matrice est beaucoup mieux située pour la conception, lorsqu'une femme est sur ses mains & sur ses pieds, que quand elle est sur le dos. Le fond de cette partie est alors plus bas que son orifice, & il n'y a qu'à jetter de la semence, elle y coule d'elle-même, & par sa propre pesanteur elle tombe où elle doit être conservée pour la génération. Cette posture est la plus naturelle & la moins voluptueuse : l'action de l'amour nous donne d'elle-même assez de plaisir, sans en chercher de plus grands par une autre figure, & je ne doute pas que les Casuistes ne nous permissent d'en user de la sorte, pour éviter l'excès de la volupté dans les embrassemens des femmes.

Si une femme est naturellement si grasse, qu'elle ait le ventre en pointe, qui s'opose à l'aproche de son mari; fera-t-on une dissolution de mariage plutôt que de conseiller à cet homme de caresser sa femme par derrière ?

Mais encore puisque la loi commande à un mari de rendre le devoir à sa fem-

femme; quand elle témoigne l'aimer ardemment, elle oblige auſſi la femme de rendre ce même devoir à ſon mari; quand il ne peut dompter ſa paſſion. Si par hazard il veut éteindre ſa concupiſcence ſur la fin de la groſſeſſe de ſa femme; ne pourroit-on pas alors lui permettre de la careſſer par derriére, plutôt que d'étouffer l'enfant qui eſt ſur le point de naître, ou que d'aller lui-même chercher ailleurs à faire un crime? Dans cette poſture il n'y aura point de crainte pour une fauſſe-couche, l'épine du dos ſouffre plutôt que le ventre les ſecouſſes que l'amour inſpire aux hommes dans cette rencontre.

En effet, *S. Thomas*,* qui eſt eſtimé parmi les Théologiens pour un des meilleurs Caſuiſtes qu'il y ait, eſt de ce ſentiment. Il nous aprend qu'il n'y a point de crime, quand des perſonnes ma-

---

* *Monuerim aliquando converſionem debiti ſi tus omninò culpâ vocare, quam non captandæ voluptatis gratiâ, ſed aliqua juſta cauſa intercedit, ſcilicet ob pinguedinem viri, ſuffocandique fœtum motum*, 4 d. 31. *in fine in expoſ. litterali.*

mariées se caressent par derrière, pourvû que ce ne soit pas à dessein de prendre des plaisirs excessifs, mais seulement pour des causes légitimes, comme lorsqu'un homme a le ventre trop gros, & qu'il a peur d'étouffer dans les entrailles de sa femme l'enfant qui en doit bien-tôt naître.

Si *Paul Enigette* & *Mercurial*, après le Philosophe *Lucréce* ont été de ce sentiment, que les femmes concevoient plutôt en les caressant par derrière que par devant, je ne sçaurois me persuader qu'ils ayent voulu parler de ce crime énorme, auquel l'Ecriture ne donne point de nom. On ne conçoit jamais de la sorte, & les Philosophes qui suivent les loix de la nature, ne sont jamais infectés d'opinions qui soient contre ses maximes. Il est donc permis de caresser sa femme de quelque maniére que ce soit, pourvû que la volupté ne soit pas excessive, que notre santé n'y soit pas interressée, & que l'on ne commette point de faute contre la propagation des hommes. C'est ainsi que le pense *S. Thomas*, comme je l'ai dit, le Cardinal *Cajetan*, *Albert le Grand*, *Abulensis* sur *S. Mathieu*, & quelques autres Casuistes.

 Mais je m'aperçois ici plus qu'ailleurs, que les choses dont je parle sont trop délicates pour en dire davantage. Je proteste que je n'ai pû choisir des termes moins durs, pour expliquer mon sentiment sur ce sujet : & si j'ai passé quelquefois les bornes de la bienséance, comme le fit autrefois *S. Augustin*, on peut croire que ce n'a été que par la force de la matiére que je traite.

ARTICLE II.

Si l'on se trouve plus incommodé de baiser une laide femme qu'une belle.

LA beauté est un des plus grands priviléges que la nature nous ait donnés, pour avoir de l'autorité sur les autres. C'est cette qualité qui exerce sur les hommes une espéce de tirannie, & qui les charme d'une maniere si extraortraordinaire, que même les plus barbares en sentent les attraits. C'est ce qui oblige encore aujourd'hui quelques peuples de l'Afrique, de mettre sur le Trône les hommes les mieux faits d'entr'eux; & c'est aussi ce qui inspiroit à un Evêque de Milan, de choisir pour ses laquais des personnes les mieux faites & les plus accomplies.

La beauté que l'on admire dans les femmes est un puissant éguillon pour nous exciter aux délices de l'amour; elle nous engage à les aimer; & ce que l'Avocat *Hipéris* n'avoit pû gagner par son éloquence sur l'esprit des Juges, la beauté de *Phryné* l'emporta hautement. Il n'y a pas moyen de se garantir des charmes d'une jeune personne qui a toutes les graces à sa suite. Elle ménage nos inclinations comme il lui plaît, & la tyrannie de la beauté dont elle est ornée, est si puissante, que malgré nous, nous devenons les esclaves. Témoin *Néron*, qui gagné par les attraits de *Popée*, ne pût jamais s'en garantir, de même que de ses charmes. Sa beauté lui enflâma le cœur & l'apella au dernier plaisir, comme *Pétrone*, * nous le raporte.

On diroit que la nature a fait un chef-d'œuvre en formant cette femme ; en effet, sa taille est haute, bien prise & des plus fines : son air a je ne sçai quoi si rempli de majesté, qu'il inspire du respect aux plus hardis ; son humeur est agréable & son esprit vif & brillant. A la considérer en particulier, son embonpoint est accompli, & le tour de son visage merveilleux. Ses dents sont blanches, ses joues & ses lévres sont de couleur de rose, son front est assez large, ses yeux grands & bleus, bien ouverts pleins de feu, ses sourcils noirs sa bouche & ses oreilles petites, son nez bien fait, sa gorge un peu élevée, ses mains longues & ses doigts déliés, sa poitrine large, son flanc pressé, ses pieds petits & délicats ; en un mot, sa beauté femelle a tout ce qui peut nous séduire, en s'emparant de notre raison. Et si l'on veut une beauté qui plaisoit
aux

* *Ipsa corporis pulchritudine ad se vocantes trahebat ob Venerem.*

aux Anciens, je dirai avec *Pétrone*, qu'elle a les cheveux naturellement frisés, qui lui battent agréablement les épaules: que son front est petit, au-dessus duquel on voit de véritables cheveux retroussés agréablement, que ses sourcils se courbent, que ses yeux sont plus brillans que les étoiles dans l'obscurité de la nuit, que son nez est un peu aquilain: que sa bouche est petite, semblable à celle de *Venus* & de *Praxitèle*. Enfin que son visage, sa gorge, ses bras & ses jambes ornés de liens, de coliers & de brasselets d'or, effacent la blancheur du marbre le plus estimé.

En vérité, il est bien mal-aisé de garder une fille pour qui tous les hommes soûpirent. Un homme même à qui la nature a fait present d'une beauté extrême, a bien de la peine à se garantir des insuites des autres hommes: & si *Spurine*, Gentilhomme Toscan, ne se fut blessé au visage, pour en effacer la beauté, jamais il n'eut été à lui-même, & cette beauté eût été assurément une des principales sources de l'embarras &

des

des desordres de sa vie. Pour les belles femmes, il y en a peu qui n'ayent été ou superbes ou impudiques, & il semble aujourd'hui qu'il ne faut être que belle, pour n'être pas estimée vertueuse, ou pour ne l'être pas en effet.

Que rarement la chasteté
Se soûtient avec la beauté;
Qu'il est charmant de plaire & de passer pour belle:
Et que ce plaisir flâteur
A l'engagement de son cœur
La pente est douce & naturelle.

C'étoit autrefois cette beauté à laquelle l'on donnoit des couronnes de myrthe: & c'est encore aujourd'hui cette même beauté qui a tant de pouvoir sur l'ame des hommes, qu'il s'en est vû, qui étant presque impuissans à l'amour, par la froideur de leur tempérament, en ont été échauffés & se sont trouvés capables de la génération.

Cette beauté, qui est un don de Dieu, a tant d'empire sur notre ame, & ménage si fort nos passions, qu'elle les fait agir,

agir, comme si elles lui apartenoient; & jamais *Urie* n'auroit été sacrifiée à la passion d'un Prince, si *Bersabée* n'avoit été belle.

A la vuë d'une belle femme, tout s'émeut chez nous, & notre amour qui n'est autre chose dans l'Ecriture que la charité, au raport de *S. Jérôme*, & le desir de la beauté, est souvent si excessif, que nous ne pouvons nous ménager là-dessus, sans avoir des forces surnaturelles. Un Casuiste seroit bien fâcheux, s'il vouloit nous persuader que nos actions sont criminelles, lorsque transportés de la beauté d'une femme, nous la caressons avec ardeur. Alors notre chaleur s'augmente dans notre corps & se fait ressentir à notre cœur, nos parties naturelles se gonflent & s'agitent en dépit de nous, si bien qu'elles nous montrent par leur mouvement importun, que la beauté a des attraits pour elles. En effet, les jours ne nous semblent durer que des momens, en la compagnie d'une belle femme, & alors nous ne nous apercevons presque pas que nous avons faim, & nous méprisons sous toutes les incommodités qui accompagnent ordinairement le plaisir de l'amour. Nos caresses réitérées ne nous semblent ni fades ni ennuieuses ; la beauté les fait renaître sans peine, & nous donne de nouveaux desirs & de nouvelles forces pour la joüissance.

Je m'étonne que les plaisirs du mariage soient présentement en horreur, & qu'on nous défende d'en joüir. Je ne sçai si cela est bien dans l'ordre, que d'établir le mariage comme une chose sainte & vénérable, & d'avoir de l'horreur pour ses plaisirs, qui en sont inséparables. C'est avoir de l'apétit, & vouloir manger & boire, sans s'apercevoir que l'on en a. Qu'y a-t-il de plus conttraire à la raison, que d'honorer un Sacrement & en même-tems d'abhorrer ce qui en est le sceau ? Mais Dieu est admirable dans tout ce qu'il fait ; il a mis dans la femme une beauté qui nous charme, & en même-tems des plaisirs excessifs pour l'action du mariage, & en même-tems il nous défend d'en joüir avec excès. Sans ce contrepoids nous serions malheureux, & nous nous

nous jetterions du côté des plaisirs, qui nous exposeroient sans doute à toutes sortes de maux, & qui empêcheroient la génération, qui est le véritable dessein de Dieu.

La laideur au contraire calme tous nos transports : bien loin de nous exciter à aimer, elle nous fait adhorrer les plaisirs de l'amour. Si par hazard nous sommes obligés de nous aprocher d'une laide femme, nos parties naturelles s'abattent au lieu de se roidir, & nous sentons dans notre cœur je ne sçai quoi qui nous rebute & qui nous empêche de nous joindre amoureusement. Si nous voulons le faire par des principes de devoir ou de nécessité, il nous faut du tems pour nous y disposer, & encore après cela, nous ne nous trouvons presque jamais en état de presser étroitement une femme laide. Il faut qu'*Anacarsis* se touche & s'excite long-tems, sans cela il n'agiroit point & ses parties n'obéïroient jamais à sa passion languissante.

Alors nous ressentons en nous du feu & un glaçon. La nature nous embrase le cœur pour nous joindre, & en même-tems cette même nature glace nos parties amoureuses pour fuir, pour traduire ici la pensée de *S. Augustin*. Ces deux passions oposées nous causent d'étranges peines: & si l'amour l'emporte quelquefois sur l'horreur, ce que nous prêtons à cette femme, nous épuise tellement, que nous sommes ensuite accablés des mêmes incommodités qui arrivent à ceux qui abusent des plaisirs de l'amour. Le cœur, en qui la haine a éteint la plûpart de ses esprits, est fort incommodé après en avoir communiqué à nos parties naturelles, & le cerveau où ces passions oposées se font la guerre s'affoiblit incessamment, quand il faut envoyer ses esprits ailleurs; si bien que l'on pourroit dire qu'une seule caresse faite à une femme laide, cause plus de foiblesse & de défaillance, que six que l'on aura faite à une belle: la beauté a des charmes qui dilatent notre cœur & qui en multiplient les esprits; mais la laideur a je ne sçai quoi qui le ferme & qui le glace.

S'il naît par hazard des enfans de ces

considéré dans l'état du Mariage. 335
conjonctions forcées, ce ne sont que des personnes pesantes & stupides, qui nous marquent évidemment le peu de contentement qu'a pris leur pere dans les caresses de leur mere.

Il est donc vrai que l'on se trouve beaucoup plus incommodé, quand l'on embrasse une femme laide, que quand l'on en caresse une belle: & que si j'ose décider en Théologien, c'est un plus grand crime de caresser une femme laide que d'en caresser une belle. Car s'il y a des charmes dans celle-ci dont on ne puisse se garantir, il y a des défauts dans l'autre qui ne devroient pas permettre de s'en aprocher: si on le fait sans y être attiré par la beauté, c'est la bonne grace & les autres agrémens qui nous éblouissent pour l'ordinaire. Il faut croire, avec S. *Chrysostome*, que s'excitant contre les loix de la nature, le crime est beaucoup plus grand de ce côté-là que de l'autre.

Si je voulois conseiller à quelqu'un de se marier, je lui dirois qu'il n'épousât ni une belle ni une laide femme. La premiére auroit trop d'empire sur lui;

Tome I. Ff &

& seroit plutôt commune que particuliére. L'autre lui causeroit cent repentirs, & peut-être le divorce, s'il n'avoit une vertu toute particuliére.

CHAPITRE VII.

Si ceux qui ne boivent que de l'eau, sont plus amoureux, & s'ils vivent plus que les autres ?

Nous commençons à mourir, dès que nous commençons à vivre ; & bien que les causes de la vie & de la mort semblent être si oposées entr'elles, elles sont pourtant très-étroitement unies en nous-mêmes. La vie subsiste par le moyen de la chaleur naturelle, dont l'ame se sert comme d'un instrument qui lui est absolument nécessaire. La mort est la perte de cette même chaleur, qui agissant continuellement sur notre humide radical, le dissipe sans cesse en se détruisant soi-même.

La nature qui a une prévoyance admirable pour conserver tout ce qu'elle a fait ;

confidéré dans l'état du Mariage.

a fait, n'a jamais fçû confentir à la perte de fes productions. Elle a voulu s'y opofer par deux moyens. Sa nourriture répare inceffamment ce que la chaleur naturelle confume dans les animaux, & la génération perpétuë leur efpéce.

D'un côté, parce que les animaux diffipent tous les jours de trois fortes de matiéres qui les compofent, la nature a donné l'air, les alimens & la boiffon, pour réparer, par autant de moyens, ce qu'ils perdent à tout moment. La première remplace les parties les plus fpiritueufes; l'autre rétablit les plus folides, & la derniére enfin répare les plus humides. D'un autre côté, cette même nature a caché dans les animaux des feux fecrets, qu'elle ménage a-droitement pour conferver leur efpéce. Elle a diftingué leur fexe, non-feulement par leur compléxion, mais par la fituation & par la différence de leurs parties.

Tous les animaux fe joignent de la même façon les uns que les autres: la *belette*, la *vipére* & les *poiffons* ne conçoivent pas par la bouche, ainfi que quelques-uns nous l'ont voulu perfuader,

mais

mais par les parties que la nature leur a données pour la génération. *Les Cavales de Portugal* engendrent de la même façon que les femmes; il faut être fol pour croire que ce soit le vent du Septentrion qui les rend fécondes.

On ne sçauroit exprimer quels ardens desirs les animaux ont de se joindre, quels contentemens ils ressentent lorsque l'amour les y convie; & pour ne parler ici que de l'homme, quels plaisirs l'accompagnent dans cette action amoureuse.

L'air est si nécessaire pour remplacer dans nos corps les parties les plus subtiles qui s'évaporent incessamment, qu'au même instant que nous en manquons, nous cessons de vivre; & nous vivons même misérablement, s'il est impur & mêlé des vapeurs & des exhalaisons qui nous sont contraires. Il est encore aussi ennemi de nous-mêmes, s'il n'est pas agité par des vents, qui en corrigent les mauvaises qualités & qui l'empêchent de se corrompre. De-là vient aussi que presque tous les ans l'on est affligé de peste dans la ville de Gènes, le vent du Sep-

considéré dans l'état du Mariage. 339
Septentrion ne pouvant y faire sentir ses qualités salutaires, à cause des montagnes qui couvrent cette ville de ce côté-là.

L'aliment ne nous est pas moins nécessaire que l'air; il ne doit pas avoir des qualités excessives, ni une matiére trop étrangére pour nous nourrir, mais un certain tempérament & une certaine matiére qui le fasse aisément changer en toutes nos parties.

Cet aliment que reçoit tous les jours notre estomac, ne sçauroit s'y cuire sans qu'il y ait quelque liqueur pour le dissoudre: & nous ne sçaurions vivre sans qu'il se fasse dans cette partie noble une espéce d'ébulition, par le moyen de laquelle nous puissions ensuite nous nourrir. Car comme dans une grande sécheresse les plantes meurent faute de pluye, ainsi nous cesserions bien-tôt de vivre, si nous ne nous servions de quelque breuvage, qui favorisant nos coctions, réparât incessamment les parties humides, qui s'évaporent tous les jours en nous-mêmes.

Plus les choses sont necessaires à la

vie, plus a-t-on de plaisir à les posséder; & parce qu'il n'y a rien au monde de plus nécessaire que la boisson, aussi le contentement est excessif, quand nous en assouvissons notre soif. La faim n'est pas si violente que la soif, qui est un desir de se rafraîchir & de s'humecter, ce qui fait que les buveurs d'eau prennent tous les jours beaucoup plus de précaution, & pour l'espéce du breuvage & pour la maniére de s'en servir.

Mais parce qu'il y a de plusieurs sortes de breuvages, dont les uns sont plus sains que les autres; celui qui est le plus propre à étancher la soif, est aussi celui que la nature, comme une mere & une nourrice commune, nous a rendu le plus commun. Je sçai que l'art en a inventé de plusieurs sortes, que l'on a faits par l'expression de quelques fruits, ou par l'infusion & par la coction de quelques racines, de quelques fleurs, de quelques semences; ou enfin par le mélange de *sucre*, de *miel*, de *canelle*, de *levain*, de *vinaigre*, & de quantité d'autres choses, que les hommes

mes ont cherchées, pour s'empêcher de boire de l'eau cruë & pour se faire mourir, ce me semble, avec plus de volupté. C'est ainsi que l'on a fait le *Vin*, le *Cidre*, la *Biére*, l'*Hydromel*, le *Chocolat*, le *Tzibet* : en un mot, toutes sortes de boissons.

De toutes les boissons, nous ne nous servons guéres ici que de vin & de l'eau ; car pour les autres liqueurs, & principalement pour la biére & pour le cidre, l'on en use guéres où le vin est commun. Mais parce qu'on en boit quelquefois, je dirai que la biére, outre qu'elle est un peu amére & désagréable à boire, elle embarasse fort les entrailles par l'épaisseur & par la viscosité de sa matiére, & souvent y fait naître des vents & des tranchées. Elle cause des ardeurs d'urine. Les nerfs & les reins en sont incommodés. Elle aporte même des douleurs de tête. Enfin, par son usage continuel, elle donne quelquefois la naissance au *scorbut* & à la *ladrerie blanche*, ainsi que nous le fîmes voir il y a quelques années dans un *Traité* de cette premiére maladie, que nous fîmes imprimer par le commandement de Monseigneur *Colbert de Terron*.

Le *cidre* est accompagné d'une humidité superfluë, qui ruine le foye & qui y assemble avec le tems beaucoup de mauvaises humeurs. La gale & la foiblesse des sens viennent souvent de son usage immodéré, & nous avons quelquefois observé que pour peu que l'on ait de disposition à la *ladrerie blanche*, le *cidre* suffisoit pour rendre cette maladie incurable.

Le *vin*, que l'on peut nommer le sang de la terre, est l'ennemi capital des enfans. La jeunesse en est corrompuë, parce qu'elle s'en sert souvent comme d'un doux poison. Mais pour ne m'étendre pas davantage sur ce sujet, l'on me permettra de dire en général, qu'il est contraire à toute sorte d'âge, par l'excès de sa chaleur & de son humidité : d'où vient que les maladies chaudes ou froides, qui sont causées par son excès, conduisent ceux qui en sont attaqués dans des suites funestes & dans des convulsions horribles,

bles, qui les menent indubitablement à la mort.

Nous avons presque, tous tant que nous sommes, les entrailles échauffées, la tête foible, le sang trop chaud; & nous sommes sujets, principalement en cette ville, à des fluxions importunes. Ce siécle est rempli de bilieux & de mélancoliques, par l'excès d'une bile brûlée. Les maladies aiguës sont toutes ordinairement accompagnées d'une chaleur insuportable; & ce seroit alors faire une grande faute que d'user de vin, puisqu'il ne convient pas même aux personnes saines, à moins qu'il ne soit bien trempé. L'eau au contraire apaise d'abord la fureur des fiévres; elle tempére les entrailles qui en sont incommodées, & guérit presque elle seule les grands maux, qui souvent ne peuvent être combattus sans son secours.

L'eau est un élément le plus beau & le plus nécessaire de tous. Elle est tellement utile à la vie spirituelle & temporelle, que nos plus sacrés Mystéres ne sçauroient être célébrés sans eau, &
que

que nous ne sçaurions vivre sans en avoir. La nature même, pour le répéter, l'a estimé si nécessaire aux hommes, qu'elle en a mis par tout où l'on se peut trouver; & je puis dire que ç'a été l'eau plutôt que le feu, qui a été la cause que les hommes se sont mis ensemble pour faire des villes.

La meilleure de toutes les eaux est celle qui est froide, claire, pure, legére & sans saveur, ce que l'on peut apeller douceur dans l'eau, qui s'échauffe en peu de tems & qui se refroidit de même; enfin, pour être bonne, elle doit être sans odeur, elle doit plaire à la langue & au palais, & être agréable à la vûë. Ce sont des marques assûrées qu'elle passera bien-tôt par les urines, & qu'elle ne chargera pas l'estomac après l'avoir bûe. Celle qui sort de la crevasse d'un rocher exposé au soleil levant, aura toutes ces bonnes qualités; mais l'on doit bien prendre garde de ne s'y pas tromper, comme fit autrefois l'armée du Prince *César Germanicus* aux côtes de *Frise*, où elle bût de l'eau d'une *Fontaine minérale*, qui
la

la rendit en peu de tems presque toute scorbutique.

L'eau de *fontaine*, de *puits*, de *cîterne*, ou de *riviére*, est très-excellente à boire, pourvû qu'elle ait les qualités que nous venons de dire. Il faut que la *fontaine* soit fort nette, le *puits* découvert, la *cîterne* garnie de gros sablons ou de petits cailloux, & que la *riviére* n'ait point de bouë dans son lit.

L'eau de quelqu'une de ces espéces étanche merveilleusement la soif, répare l'humeur radicale, & empéche la dissipation, tempére la chaleur des hommes, de quelqu'âge & de quelque région qu'ils puissent être. Elle sert à toutes les coctions qui se font dans notre corps ; elle distribuë l'aliment qui nourrit nos parties; elle apaise puissamment les ardeurs de la colére & de la bile, que le vin excite d'une maniére extraordinaire. C'est l'usage de l'eau qui fit autrefois nommer *Sages* les Rois de Perse, qui faisoient porter par tout où ils alloient de l'eau du fleuve d'*Eulée* ou de *Choaspe*. En effet, l'eau nous cause de grands biens. Elle nous humecte

mecte & nous donne une liberté de ventre. Elle empêche que les vapeurs chaudes & bilieuses ne nous fassent mal à la tête. Elle nous fait dormir avec beaucoup de plaisir & de tranquillité, & les fluxions n'en sont jamais excitées comme par le vin.

Après-tout, si nous considérons les bons effets que produit l'eau dans ceux qui en usent ordinairement, nous verrons qu'elle rend la couleur plus agréable, l'haleine plus douce & les sens plus vifs: qu'elle répare les forces, & qu'enfin elle fait vivre plus doucement. Et en effet, *Samson* n'eût jamais été si fort, si sa boisson ordinaire eût été autre chose que de l'eau.

Le vin au contraire émousse la pointe des sens, augmente les douleurs de tête, & fomente la chaleur des entrailles, qui est souvent excessive: il brouille l'imagination: il efface la mémoire & trouble la raison: il corrompt les humeurs, & souvent il cause par son excès la stérilité des femmes, ou du moins des maladies incurables aux enfans qui naissent de parens débauchés.

Qu'on

considéré dans l'état du Mariage. 347

Qu'on ne me dise donc pas que le vin réveille l'ame & qu'il excite l'esprit; car je répondrai que cette vigueur artificielle ne dure pas long-tems, quand on en use avec excès. Il est comme de la chaux vive que l'on jette au pied d'un arbre, qui rend à la vérité son fruit & plus coloré & plutôt mûr, mais qui tuë l'arbre bien tôt après.

Qu'on ne me dise pas encore, pour mépriser l'eau, qu'elle ne convient ni aux sains ni aux malades, & qu'*Hypocrate* & *Galien* se servoient de vin pour guérir la plûpart des maladies aiguës. Car si l'on examine de bien près ce que ces deux Médecins en raportent, l'on verra aussi-tôt que la boisson qu'ils donnoient quelquefois à leurs malades, étoient plutôt de l'eau que du vin, puisqu'ils ne mêloient cette liqueur parmi l'eau que pour en ôter la crudité. Je pourrois raporter ici, pour faire valoir l'eau, ce que ce dernier Médecin a laissé par écrit, qu'il n'a jamais vû personne attaqué de fiévre ardente qu'il n'ait guéri, après lui avoir donné abondamment de l'eau fraîche à boire.

Tome I. G g Mais

Mais ce ne feroit pas encore affez pour l'éloge de l'eau, que d'avoir raporté ce que nous avons dit ci-deffus, fi la femence dont nous fommes formés ne lui étoit femblable; fi nous ne nagions parmi les eaux dans le ventre de nos meres, & fi notre cœur même n'en étoit inceffamment atrofé.

La nature, qui eft l'ouvriére de toutes chofes, nous veut fans doute marquer par-là, que comme l'eau eft ce qui nous donne l'être & nous le conferve enfuite dans les eaux de nos meres, elle doit auffi être la principale chofe qui nous faffe vivre, lorfque nous en fommes fortis, puifqu'elle nous fert de principe pour perpétuer notre efpéce.

Vénus, qui n'eft autre chofe que la paffion de l'amour, nous fait encore voir que l'eau eft une excellente chofe, & qu'on la doit préférer à toutes les liqueurs, puifqu'elle en a voulu tirer fon origine. Avant le Déluge les hommes ne bûvoient que de l'eau, & l'on fçait quel âge ils vivoient alors, puifqu'il s'en eft vû qui ont atteint les huit & neuf cens ans. Et préfentement même il y a plus des trois quarts des hommes qui ne se servent que de cette boisson, parmi lesquels il y en a beaucoup qui vivent des siécles entiers. Cette façon de vivre n'est point misérable, comme quelques-uns se le persuadent ; c'est un refuge assuré contre la misére, & c'est par cet artifice que de grands hommes ont vécu long-tems, qu'ils ont eu l'esprit sain & le corps robuste, & qu'ils ont été agréables à Dieu & aux hommes. Depuis que l'on a porté du *vin* & de l'*eau de-vie* dans le *Canada*, les *Iroquois*, les *Hurons* & les *Algonquins*, ne vivent pas si long-tems qu'ils faisoient auparavant. Ils sont même sujets, pendant le peu de tems qu'ils vivent, à des maladies surprenantes, qui ne viennent sans doute que de ce qu'ils ne boivent plus d'eau.

Ajoûtons encore à cela, que la nature a des apétits secrets pour demander ce qui est le plus propre à la vie ; & par ce qu'il y a dans de certaines personnes une répugnance à boire du vin & une inclination à boire de l'eau, il faut aussi croire qu'elle leur a donné assez de chaleur, pour ne pas en devoir chercher au-dehors par l'usage du vin.

Ceux qui ne boivent que de l'eau ont souvent plus de santé que les autres : ils ont la vûë plus perçante, & l'esprit plus éclairé ; ils aiment davantage les sciences, & sont plus propres au conseil & aux grandes affaires. Il est vrai que le vin nous donne du feu & nous fait paroître plus spirituels que nous ne le sommes ; mais en vérité il ne nous cause de l'éclat que dans la superficie.

L'amour des femmes suit notre tempérament, & l'expérience nous fait voir qu'il y a des hommes plus chauds & plus amoureux les uns que les autres. La chaleur est le principe de toutes choses. Elle entre dans toutes les actions de la nature ; & parce que la génération est la plus belle & la plus considérable, aussi ne s'accomplit elle jamais sans qu'elle y soit. L'humidité y a sa bonne part, sans laquelle la chaleur ne sçauroit en aucune façon agir dans la production des animaux. Ce sont particuliérement ces deux principes que la la nature employe tous les jours pour engendrer toutes choses, & j'aurois de la peine à dire lequel des deux est le plus nécessaire, si je n'aprenois de quelques Philosophes & de l'expérience même, que l'eau est ce qui doit tenir le premier lieu dans la génération des animaux. Car, outre tout ce que nous avons dit ci-dessus, nous sçavons que les pays médiocrement froids, sont beaucoup plus peuplés que ceux du Midi, & qu'il se trouve plus de Villes sur le rivage de la mer & sur le bord des lacs & des riviéres, que dans la plaine. On n'en sçauroit donner de plus forte raison, sinon que les Pays du Septentrion & les bords des étangs, des riviéres ou de la mer, étant beaucoup plus humides que la plaine, ils sont aussi plus propres à la génération. Et la mer ne produit elle pas des poissons, qui multiplient bien plus que les animaux terrestres? Nous avons l'expérience en France, que ceux qui ne vivent presque que de coquillages & de poissons, qui ne sont que de l'eau rassemblée, sont plus ardens à l'amour que les autres. En effet, nous nous y sentons bien plus portés en Carême qu'en tout autre saison ; parce qu'en ce tems-là nous ne nous nourrissons que de poissons & d'herbes, qui sont des alimens composés de beaucoup d'eau.

Après-tout, l'illustre Tiraqueau n'eût pas engendré 39. enfans légitimes, s'il n'eût été un buveur d'eau : & les Turcs n'auroient pas aujourd'hui plusieurs femmes, si le vin ne leur étoit défendu. Car puisque l'eau est d'elle même venteuse, elle cause aussi aux hommes qui en usent pour boisson, plus de chatouillement que n'en ont ceux qui ne boivent que du vin : & je suis assuré que pour la génération, l'humidité & les vents sont deux choses qui sont les plus nécessaires.

Il est donc évident, après tout ce que nous venons de dire, que ceux qui ne boivent que de l'eau, sont plus amoureux & qu'ils vivent plus que les autres.

CHAPITRE VIII.

Si la femme est plus constante en amour que l'homme.

LEs saisons ont beaucoup d'empire sur nos corps & sur nos humeurs : nous ne sommes pas le même en été comme en hyver. La bile domine dans cette saison-là, & la pituite dans celle-ci. Ainsi l'aproche ou l'éloignement du soleil cause la variété de notre tempérament. L'été nous échauffe le sang, l'automne le séche, l'hyver le refroidit, & le printems l'humecte & le rend fluide : si bien que la variété des saisons change notre tempérament, parce qu'elle change les liqueurs de notre corps; & comme nos inclinations suivent notre tempérament, au raport de *Galien*, si notre complexion est changée par la variété des saisons, selon que l'expérience nous le montre, il ne faut pas douter que nous ne soyons presentement tout autres que nous n'étions auparavant.

La

La variété des climats fait encore en nous la variété de nos inclinations. Nous sommes à Arcangel d'une autre humeur pendant l'hyver, que nous ne le sommes à Alexandrie d'Egypte l'année suivante pendant la même saison. L'air, les eaux, la façon de vivre, & les autres choses, changent si fort notre complexion, & elle est si différente dans ces deux lieux, qu'elle produit en nous des effets tous oposés.

L'âge nous rend plus inconstans que tout ce que nous avons dit. Dans notre enfance, nous voulions ce que nous abhorrons presentement dans un âge plus avancé; & notre vieillesse ne peut suporter le souvenir des foiblesses de nos premiéres années: si bien qu'il y a des plaisirs & des haines de tout âge. Bien plus, nous changeons tous les ans, tous les mois, toutes les semaines, & même tous les jours; de sorte qu'il ne faut pas s'étonner si notre ame est si chancelante, puisqu'elle se sert de notre sang & de notre tempérament pour faire ses plus belles actions.

Il semble que le changement nous soit

considéré dans l'état du Mariage. 355
soit naturel ; car lorsque nous avons trouvé quelque chose d'assuré & de constant, bien-tôt après nous nous en rebutons, & notre constance n'est pas de longue durée. Nous sommes de véritables *Pyrrhoniens* tous tant que nous sommes, & nous flottons entre la vérité & le mensonge.

Quand nous faisons réflexion sur notre nature, nous avons peine à croire que tant de contradictions viennent de nous. Nous sommes donc inconstans, puisque nous le connoissons. Que l'on regarde dans l'Antiquité, si l'on trouvera quelqu'homme constant, qui ait dressé sa vie sur quelque chose de ferme & d'assûré. Si on le rencontre, qu'on l'examine, s'il n'a rien de fardé qu'on le pratique dans sa maison, qu'on le voye dans son particulier, pour sçavoir s'il exécutera bien le modèle de vie qu'il s'est prescrit ; & après cela, je suis assûré que l'on ne trouvera personne dont les actions de sa vie soient constantes. On ne verra que saillies qui naissent d'un principe inconstant. L'imagination grossit les objets

& nous les fait voir tout autres qu'ils ne sont. Ce n'est pas notre raison qui nous conduit, c'est la coûtume, la mode, l'opinion, l'inclination, l'apétit & les occasions qui nous ménagent. Notre volonté n'est point juste ; nous voulons & nous ne voulons pas. Nous désirons présentement une femme & demain une amie. En vérité, notre vie n'est qu'un mouvement inégal & irrégulier. Nous nous troublons nous-mêmes par l'instabilité de notre nature ; & je puis dire hardiment, que *l'homme est un animal le plus inconstant & le plus contrefait qui soit au monde.* Le Magistrat, dont la réputation est établie & la vieillesse vénérable, qui donne du respect à tout le monde par sa gravité, se gouverne, comme on le croit, par une saine raison de Juge, selon l'aparence des choses, avec justice, sans s'arrêter aux vaines circonstances, qui souvent les accompagnent & qui ne frapent que les foibles esprits. Il entre au Palais avec une gravité *Catonique.* Il se place sur les fleurs de-lys pour y rendre la justice. Mais si l'Avocat ne lui plaît pas, qu'il ait

ait une voix enrouée ou une langue bégue, qu'il soit laid de visage, ou que par hazard il laisse choir son bonnet; alors la gravité du Magistrat se perd, il en rit, il en badine ; il n'est plus ce qu'il étoit auparavant. Et cela seul suffit quelquefois pour faire une injustice & pour faire perdre le procès à l'Avocat. Bon Dieu, quelle inconstance il y a dans l'homme ! Il a souvent des mouvemens de fièvre que sa santé ne sçauroit imiter.

Cette Demoiselle, dont *Pétrone* nous fait l'histoire par la bouche de *Sénéque*, pour en parler encore ici, qui étoit l'exemple de la chasteté & de la constance de son voisinage, & qui avoit résolu de mourir dans le sépulcre auprès du corps de son défunt mari, se laisse lâchement persuader à un Soldat, qui lui en conte, qui fait avec elle ce que la bienséance ne me permet pas de dire. Cette femme étoit depuis peu triste jusqu'à la mort, & presentement il n'y a point de joye à laquelle on puisse comparer la sienne. Elle se sent heureuse ; mais c'est d'un bonheur de frénénétique, qui a ses fougues & ses saillies. En vérité l'homme est un *Caméleon*, qui change de couleur selon les différens lieux où il est. Il n'est pas besoin d'en raporter ici d'autres exemples pour le prouver ; & si d'un nombre infini nous en voulions choisir quelqu'un, nous dirons que l'Empereur *Auguste*, quelque grand qu'il fût, ternit sa gloire par sa grande inconstance. Certes, nous n'allons pas, on nous emporte, tantôt doucement, tantôt avec violence. Cet homme qui étoit hier courageux, parce que la nécessité, la colére & le vin lui échauffoient l'imagination, est aujourd'hui le plus grand poltron du monde. Quelle inégalité & quelle inconstance est ceci ! Cette variété a pourtant ses causes, puisqu'elle semble être si naturelle à l'homme.

On ne se tromperoit peut être pas, si nous attribuons notre inconstance à l'ordre que Dieu a donné à la nature, qui ne se conserve que par des changemens réciproques & successifs. Les astres ne demeurent jamais en repos. Les saisons sont oposées les unes aux autres :

d'autres : les élémens qui entrent dans la composition des mixtes se font incessamment la guerre, sans se détruire : toutes les générations du monde ne se font & ne se conservent que par des changemens : l'homme même ne se forme dans les entrailles de sa mere que par des matiéres différentes, & ne se conserve que par la diversité de ses mouvemens. Le cœur où réside l'ame, comme dans son trône, est-il toûjours dans une même assiette ? Le sang par lequel nous vivons est composé de parties si différentes, que nous ne vivrions pas si sa matiére étoit égale & ses qualités semblables. Enfin, tout ce qui est au monde ne se fait & ne se conserve que par la variété & l'inconstance. Ainsi l'instabilité de notre tempérament faisant l'instance de nos inclinations, contribuë à la beauté du monde raisonnable & à nous rendre variables & legers.

Or puisque nos actions dépendent de notre tempérament, & que notre tempérament est si constant par le changement de nos humeurs, nous

Tome I.   H h   pou-

pouvons conclure que *l'homme est le plus changeant & le plus inconstant de tous les animaux*, & que la raison, bien loin de détruire sa foiblesse, sert souvent à lui augmenter son inconstance.

Après avoir prouvé que les deux sexes sont naturellement inconstans & en avoir découvert la cause ; il me semble que je puis presentement examiner lequel des deux, ou de l'homme ou de la femme, est en général le plus inconstant, & puis descendant dans le particulier, voir lequel des deux est le plus leger en amour.

Nous avons prouvé fort clairement au *liv. 2. ch. 3. art. 2.* que les hommes en général étoient plus chauds que les femmes, parce qu'ils étoient plutôt formés dans le sein de leurs meres, qu'ils s'agitoient plutôt dans leurs flancs & qu'ils naissoient aussi plutôt ; qu'étant nés, ils agissoient avec plus de force & de fermeté dans tout ce qu'ils entreprenoient, qu'ils avoient le pouls plus plein & plus fort ; & qu'enfin, comme les bêtes mâles étoient les plus fermes & les moins moles, les hommes aussi

étoient

étoient plus vigoureux & par conséquent plus chauds; & bien que nous ayons dit au même lieu, qu'il y en avoit qui croyoient que les femmes fussent plus chaudes de tempérament que les hommes, nous y avons pourtant fait voir qu'ils se trompoient lourdement, puisque les raisons que nous y avons alléguées ont fait connoître que les femmes en général étoient plus froides & plus humides que nous.

Nous ne nous arrêterons donc point ici à ces difficultés, qui sont décidées ailleurs d'une manière claire & convainquante. Il suffit que nous disions seulement, que les femmes en général étant froides & humides, si on les compare aux hommes, elles ont aussi l'imagination plus foible, la raison moins solide & la volonté plus legére, parce que la force de ces facultés ne dépendant que de la chaleur des esprits & de la fermeté des parties, dont l'ame se sert pour les faire agir, & que les femmes n'ayant ni tant de chaleur d'esprits, ni tant de fermeté de parties que les hommes, on peut dire que les fa-

cul-

cultés de leur ame sont plus foibles & plus languissantes.

Sur ce principe, les Jurisconsultes veulent que les femmes ayent des *Curateurs*, & qu'elles rendent compte de l'administration du bien de leurs enfans ; parce que, selon le sentiment de *Cicéron*, elles sont si foibles, qu'elles ne sont pas capables de donner un bon avis. Ils veulent encore qu'elles soient mises à mort avant les hommes, pour découvrir ce qu'ils ont dessein de sçavoir dans des conspirations notables ; car comme les femmes, ajoûtent ils, sont plus foibles que les hommes, l'expérience leur a montré qu'il en falloit user de la sorte.

En effet, les femmes ne sont pas plus constantes que les enfans, dont le tempérament est presque tout semblable ; car elles sont humides comme eux, & leur chaleur médiocre est si embarassée dans l'abondance de leur humidité, qu'à tout moment elles donnent des marques de leur foiblesse & de leur inconstance.

Salomon, le plus sage de tous les hommes,

mes, qui connoiſſoit mieux les femmes que nous, les compare au vent, & dit fort à propos, que celui qui a une femme dans ſa poſſeſſion, qui tache de la retenir pour lui ſeul, reſſemble à celui qui veut retenir le vent entre ſes bras. En vérité elle eſt bien legére par ſa nature & ſe laiſſe aller aiſément aux petites choſes par la foibleſſe de ſon jugement; elle s'arrête à la bagatelle, & paſſe toute ſa vie à faire ce qui marque l'inſtabilité de ſon ſexe. Sa taille eſt petite, ſes forces médiocres, ſes actions languiſſantes: en un mot, elle eſt plus foible & plus inconſtante que l'homme.

L'homme au contraire eſt plus grand, plus vigoureux, plus agiſſant: ſes conceptions ſont meilleures & ſon raiſonnement plus fort. Il eſt plus réſolu & plus ferme dans ſes affaires, plus conſtant dans ſes entrepriſes & plus hardi dans ſes actions, parce qu'il a une complexion plus chaude, plus ſéche & plus forte. C'eſt ſans doute pour cette raiſon que l'Ecriture veut qu'il ait la ſupériorité ſur la femme & qu'il ſoit

soit le maître & le seigneur de la famille.

La constance de quelques femmes exposées aux tourmens, ne me fera pas ici changer de sentiment. Nous sçavons que la belle *Léene* aima mieux se couper la langue & la cracher aux yeux du bourreau, que de rien révéler de meurtre du Tyran, & que la constante *Epicaris* se résolut plutôt à mourir, que de rien avoüer dans la conspiration de *Néron*; mais comme ces exemples sont fort rares, & que pour faire une maxime générale on doit en avoir plusieurs, je demeurerai toûjours dans mon sentiment, & je dirai que les femmes en général sont plus variables que les hommes. Mais peut-être se trouvera-t'il des occasions où elles le seront moins que nous, & c'est ce que nous voulons presentement examiner.

L'amour est une passion si badine & si violente, qu'on la remarque ordinairement avec plus d'excès dans les petites que dans les grandes ames. J'avoüe que nous en sommes tous touchés;

chés ; mais a dire le vrai, les plus foibles, du nombre desquels sont les femmes, en sont plus embarassées que nous. Et comme la persévérance est une qualité inséparable de l'amour, nous pouvons conclure que les femmes aiment plus long-tems, & qu'ainsi elles sont en amour plus constantes que nous. Car l'amour cesse quand on n'aime plus, & l'on doit toujours aimer réellement, pour dire que l'on aime.

Si nous considérons ce qui se passe tous les jours parmi nous dans le monde, nous serons convaincus de cette vérité. L'expérience nous aprend, que la pudeur des femmes les empêche de s'évaporer & les oblige en même-tems à n'aimer que ceux avec qui elles ont plus de libertés permises. La pudeur est encore une certaine honte qui les retient dans leur devoir & qui souvent les rend constantes malgré elles. J'en dis de même de la timidité, qui accompagne ordinairement le beau sexe. Cette retenuë, qui est naturelle aux femmes, ne s'éloigne guéres de la constance, & je pourrois dire qu'elle le est sa compagne inséparable.

D'ailleurs il y a peu de femmes qui n'aiment éperdûment ceux avec qui elles ont pris le dernier plaisir. Elles sont tellement attachées à leur premier amant, que si par quelque grande considération elles sont obligées de s'allier à d'autres, elles conservent toujours dans leur cœur un je ne sçai quoi de tendre pour celui qui leur a ravi la fleur de leur virginité. Au reste nous sçavons qu'elles sont plus sédentaires & moins propres aux affaires que nous, & que la solitude & l'embaras de leur ménage les éloigne des compagnies, si bien qu'elles n'ont pas si souvent que nous des occasions où elles puissent être infidèles.

Enfin les loix les retiennent, en punissant sévérement celles qui ont été trop legéres, en les condamnant à être rasées & à être mises dans une prison perpétuelle, pour avoir été trop inconstantes en amour.

Je ne m'arrête point ici à l'exemple de quelques femmes abandonnées par la chaleur de leur tempérament : car quoique *Lépidas* tante de *Néron*, sous
le

le nom de *Quartille* dans *Pétrone*, ne se soit jamais connuë vierge, que les deux *Tullies*, les deux *Jeannes de Naples*, & quelques autres, ayent fait gloire d'être caressées par plusieurs hommes, cela n'empêche pourtant pas que la proposition générale ne soit véritable; sçavoir, que les femmes sont plus constantes en amour que les hommes.

Que si nous faisons réflexion sur notre tempérament & les inclinations qui les suivent, nous serons convaincus par nous mêmes, que l'amour ne nous assujettit pas avec tant de tirannie qu'il fait les femmes. La multiplicité des affaires nous embarasse; & pour nous délasser, nous prenons le premier joüet & le premier divertissement que nous trouvons. Notre grande châleur nous donne de la hardiesse à faire de nouvelles conquêtes. Nous en contons hardiment aux premiéres que nous trouvons, & souvent nous nous satisfaisons où les occasions nous sont favorables. Notre esprit est trop libre, pour nous assujettir à une constance tirannique, & les dégoûts que l'amour nous fait naître pour une personne, nous obligent souvent à changer de divertissement. Celle qui nous a plû pendant huit jours, nous déplaît ensuite, & les petits chagrins que l'amour fait naître dans les caresses de cette femme, sont bien tôt changés en de nouvelles espérances pour une autre. Il nous fait accroire que les nouveaux contentemens sont d'une autre nature que les passés, & ainsi il fomente notre inconstance naturelle, par cette nouvelle piperie & par ces vaines espérances.

Au reste, comme les plaisirs & les épuisemens sont plus grands dans les hommes que dans les femmes, & que d'ailleurs nos dégoûts sont plus insuportables & mieux fondés, l'amour qui ne cherche qu'à nous surprendre, pour rendre son empire plus grand & plus peuplé, nous persuade adroitement par des sentimens secrets, que le changement nous sera plus agréable & plus voluptueux que la constance; & alors nous sommes si simples que bien que nous ayons l'expérience du contraitraire, nous nous laissons lâchement aller à ses persuasions secretes & à ses mouvemens cachés: témoin une infinité d'hommes qui fûrent parfaitement aimer, & qui, à l'imitation d'*Ovide*, furent les plus inconstans de tous. Certes, *Tibulle* & *Properce* ont bonne grace de taxer les femmes d'inconstance, quand il est question d'aimer, puisque le premier abandonna *Délie* pour *Némèse*, & qui se dégoûta de toutes deux, pour caresser *Néere*, que l'autre ne se contenta pas de *Cinthie*.

Si une femme a dit spirituellement qu'elle cherchoit avec empressement les caresses de plusieurs hommes, parce qu'elle étoit raisonnable, ne puis-je pas dire que la raison étant plus forte dans les hommes que dans les femmes, ils peuvent aussi s'en servir aux mêmes conditions? Plus l'on est raisonnable, plus l'on est exposé aux souplesses de l'amour; & comme l'amour est quelque chose de naturel, & qu'il obsède tout le monde, on peut dire que tous ne peuvent se défendre de ses apas, & qu'ordinairement il trouble l'ame des

uns

uns & des autres. Mais comme l'amour excessif est une maladie commune aux deux sexes, ceux qui ont le plus de force d'ame résistent plus courageusement à sa tirannie; & si quelquefois ils en sont épris, ils changent souvent d'objets, pour éviter les allarmes & les embarras qu'il donne toûjours, au lieu que les petits esprits n'ayant pas assez de force d'ame pour résister à ses mouvemens secrets, & d'ailleurs étant plus timides, ils se laissent lâchement emporter par la foiblesse de leur condition, & demeurent ainsi continuellement liées à la personne qu'ils aiment.

S'il est donc vrai, comme l'expérience nous le fait voir, que tous les hommes ne peuvent s'assujettir longtems à l'empire de l'amour & qu'ils ne suivent qu'avec saillies ses inspirations secrettes, on doit conclure, après ce que nous venons de dire, qu'ils sont en amour beaucoup plus inconstans que les femmes.

CHA-

CHAPITRE IX.

Si l'on peut aimer sans être jaloux.

JE ne sçaurois me persuader que les *Stoïciens*, qui ont tenu le premier rang parmi les anciens Philosophes, fissent leurs Sages exempts de toutes sortes de passions. Ils sçavoient très bien que la passion lui étoit si naturelle, qu'il étoit impossible de détruire dans l'homme ce qui lui étoit si essentiel. Si nous avons quelque foi pour ce que nous dit le Philosophe *Sénéque*, qui étoit le Maître de cette secte, nous serons convaincus de cette vérité. Il avouë franchement, que le Sage ne peut s'empêcher d'avoir des émotions dans l'ame, mais aussi que la raison peut bien s'oposer puissamment à leurs excès.

En effet, puisque nous sommes composés d'intelligence, d'ame, d'esprits & de corps, comme nous le prouverons ailleurs; que notre intelligence a quelque raport aux Anges, & que notre ame venuë de nos parens participe de la nature de celle des bêtes, il n'y a pas lieu de douter que les passions ne soient naturelles à l'un & à l'autre. *Moyse* nous aprend que les Anges ont été jaloux & orgueilleux tout ensemble; & nous voyons par expérience, que les bêtes se laissent tous les jours aller à leurs passions déréglées : témoin le Bouc qui tua le Pasteur *Cratis*, parce qu'il avoit caressé amoureusement sa Chévre.

Nous sçavons que les maladies sont comme naturelles à l'homme, quoiqu'en veuillent dire les Médecins, puisque depuis le commencement des siécles jusqu'à present, l'on n'en a trouvé aucun qui en ait été exempt. Notre corps est composé de parties si différentes en tempérament, & nous sommes exposés à tant d'accidens, qu'il est impossible que dans notre vie nous ne souffrions quelque incommodité. Il est vrai qu'il y en a de legéres & de fortes, & que de ces derniéres il y en a de dangereuses, dont on ne meurt point, & d'autres pernicieuses, dont on ne peut

peut réchaper, à cause de la corruption d'une partie nécessaire à la vie, ou de quelqu'autre cause violente. Ce sont ces derniéres maladies, que les Médecins disent être contre les loix de la nature. Mais les hommes qui ont un bon tempérament ne sont exposés qu'aux legéres maladies, ce qui leur fait dire qu'ils se portent toûjours bien.

J'en dis de même des passions de l'ame. Elles sont si naturelles à l'homme, que ceux qui ont voulu en exempter tout-à-fait le Sage, ont avoüé facilement qu'il n'en avoit que des émotions legéres, qui pouvoient être domptées par sa raison. Et c'est ce qui a fait dire à quelques-uns, que le Sage étoit exempt de passion. Mais ils sont demeurés d'accord que les autres hommes y étoient sujets, comme les bêtes, & que la partie inférieure de leur ame étoit le lieu où elles résidoient. De sorte qu'il y avoit des passions si enracinées dans ces hommes-là, qu'elles étoient sans reméde, & d'autres, quoique grandes, que l'on pouvoit guérir

par

par des remédes efficaces & salutaires.

Puis donc que les passions sont naturelles à l'homme, comme nous venons de le dire, la jalousie qui en est une des plus violentes, & qui est comparée à la mort & à l'enfer par l'Ecriture, ne l'abandonnera jamais ; & comme elle vient de l'amour, nous sommes obligés de croire que tous ceux qui aiment sont jaloux ; c'est ce que nous avons dessein de prouver par ce discours.

Il n'est pas besoin de dépeindre ici l'amour. Nous en avons fait diverses peintures dans tout ce Livre, où nous avons exposé aux yeux de tout le monde sa nature & ses effets ; il suffira seulement de parler ici de la jalousie, qui en est comme la fille.

Nous avons dit ailleurs, que la beauté avoit des charmes si puissans, principalement si elle se trouvoit dans un sexe si différent du nôtre, qu'elle nous entraînoit même contre notre volonté, & que quelques efforts que nous puissions faire, il étoit presque impossible de nous en défendre. En effet, elle a

tant

tant d'attraits pour nous, qu'elle embrase d'abord notre cœur, qu'elle force notre volonté & qu'elle fait obéïr nos parties amoureuses à ses invincibles apas. Alors elle cause en nous un ardent desir de posséder une belle personne; & c'est ce desir que nous nommons *Amour*, qui est sans doute la source de toutes les passions de notre ame.

Quand on aime bien, l'ame conserve des idées presentes de l'objet absent, & reçoit une extrême joie, quand on lui parle de ce qu'elle aime. Mais parmi les vérités que l'on en debite, souvent il s'y glisse des mensonges & des impostures, & les véritables raports sont souvent mêlés avec les faux. C'est ce qui méne l'ame dans l'erreur, & qui la fait entrer en défiance par des soupçons, des conjectures & des doutes qu'elle se forge. Souvent on croit n'avoir pas assez de charmes pour mériter les bonnes graces d'une personne, & en même tems on pense que cette personne peut être inconstante & qu'elle cesse d'aimer; c'est ce qui arriva à *Poppée*, qui examinoit après l'impuissance de *Néron*, comme *Pétrone* l'observe. Alors par la foiblesse de notre nature & par l'imposture de l'amour, ces conjectures se changent en preuves, & ces doutes en convictions, quelque assurance que l'on ait de la personne aimée. En vérité nous ne sçaurions bien aimer sans être jaloux; car après être arrivés à ce haut degré d'amour, où nous ne pouvons demeurer par notre inconstance naturelle, nous sommes obligés de tomber dans la froideur ou dans la haine, en passant toujours par la jalousie. Le Médecin *Celse*,* qui est un maître dans la connoissance de la nature de l'homme, a dit fort à propos, qu'un homme qui est plus gras qu'à l'ordinaire, devoit craindre de tomber malade; parce que les choses de ce monde étant toutes inconstantes, il ne devoit pas demeurer long-tems dans cet embonpoint.

C'est parmi tous ces troubles que l'ame est en désordre & comme en délire,
&c

* *Qui speciosior se ipso est debet habere suspecta bona sua.*

& qu'après s'être défenduë des aparences & avoir coupé, pour ainsi dire, une tête à l'hydre, elle se laisse suborner aux foiblesses de l'amour, qui lui fait souvent paroître des chiméres pour des vérités, & qui fait naître à l'hydre dix têtes pour une qu'on lui a coupée.

Il n'est pas aisé qu'une personne émuë d'une passion violente, comme est la jalousie, puisse juger juste dans sa propre cause, & qu'elle puisse voir la lumiére parmi tant de ténébres, dont l'amour lui offusque la raison. *Moyse* avoit trouvé un expédient sur cela, sans que l'homme & la femme fussent eux-mêmes leur propre juge. Le Grand-Prêtre faisoit boire aux femmes accusées d'impudicité, un grand verre d'eau très-améte, qu'on apelloit *Eau de Jalousie*. Il prétendoit par-là guérir l'esprit des maris jaloux, en faisant paroître le crime par l'effet de cette *Eau de Probation*, qui devoit faire pourir le ventre de la femme criminelle, ou conserver la santé de celle qui étoit innocente. Nous aurions de la peine aujourd'hui à faire de pareilles épreuves, & je ne sçai si nous pourrions croire qu'un larcin secret pût être découvert par ces sortes de moyens.

Cependant, l'ame agitée de diverses passions, cherche toutes sortes de moyens pour se dégager des doutes qu'elle s'est fait. Alors la curiosité l'anime à examiner toutes les circonstances de l'affaire. Elle observe & épie exactement ce qu'elle aime, de peur qu'elle ne le perde ; mais cette recherche extravagante fait son mal pire qu'il n'étoit ; & au lieu de le guérir, elle y aporte souvent la gangrene. C'est ce que nous ont voulu dire les Théologiens Payens, par la Fable qu'ils nous ont débitée ; sçavoir, que *Vulcain* ennuyé un jour des impudicités de sa femme, se résolut, pour se venger d'elle, à faire éclater sa jalousie en presence de tous les Dieux qu'il croyoit lui être propices & favorables. Mais après avoir tendu des rêts pour surprendre *Mars* & *Vénus* ensemble, bien loin de guérir par là sa passion, il se l'acrut & fut estimé infame parmi les Dieux, pour avoir découvert un crime caché. Et de plus, les

Dieux furent si scandalisés de l'action de *Vulcain*, qu'en le chassant honteusement du Ciel, il tomba à terre & se cassa une jambe. Voilà ce qui arrive à nos jaloux. La vengeance se mêle avec la jalousie ; & pour avoir le plaisir de faire connoître aux hommes la foiblesse de leur femme, en découvrant leur secret amoureux, ils s'attirent la risée de tout le monde & une tache perpétuelle pour leur réputation.

Mais comme l'ame n'ignore pas que tout ce qui est au monde ne soit sujet au changement, elle commence à craindre de perdre tout ce qui fait son bonheur & son plaisir, & qu'une autre ne s'en empare. C'est proprement cette crainte, que nous apellons *Jalousie*, qui a l'amour pour pere, & qui ne peut dénier pour mere la crainte qui l'a engendrée. Cela n'est il pas étrange, que les mêmes inclinations qui causent l'amitié dans le commerce des hommes, soient dans l'amour excessif la cause de la haine ?

Cette jalousie est si forte & si puissante dans l'esprit de quelques hommes

mes, qu'il y en a eu, selon le raport de Tertullien, qu'au moindre petit bruit que faisoit le vent, ou un rat à la porte de leur chambre, ils apréhendoient qu'on n'enlevât leur femme d'auprès d'eux.

Cette crainte ne s'est pas plutôt emparée d'une ame foible, que la haine y trouve aussi-tôt sa place: mais comme l'amour n'en est pas entiérement banni, il s'y passe d'étranges désordres, par tant de passions si oposées les unes aux autres: & si l'ame n'en est point détruite, elle ne doit assurément sa vie qu'au nombre de ses ennemis: car d'un côté la haine glace le cœur, où l'ame fait sa principale demeure. Elle y éteint presque les esprits & y suffoque la chaleur naturelle: d'un autre, l'amour le brûle, & en y dilatant ses petites cavités, il en augmente les esprits & la chaleur. Pauvre cœur, que ce monstre de passion te fait souffrir! C'est de ces passions contraires que naissent la colére, les chagrins, la fraude, l'espérance, le désespoir, la joie, la tristesse, la fureur, la rage, & puis l'envie de se venger aux dépens de sa réputation. Il y en a eu même qui ont

considéré dans l'état du Mariage. 381
ont poussé leur jalousie jusqu'après leur mort; comme fit ce Roi de Maroc, qui après avoir été défait en guerre, ne voulut pas que personne joüit de sa femme après sa mort; c'est pour cela qu'il la mit en croupe derriére lui sur son cheval, & que le poussant vivement, il se précipita du haut d'une montagne, ainsi que nous le raporte *Jean de Léone*.

Mais n'allons point chercher les histoires de l'Antiquité sur les effets de la jalousie, nous n'en sçaurions trouver de si notables que celles qui arriva l'autre jour à Nice en Provence. Le Seigneur de *Castel Nuovo*, âgé de 67. ans, devint si éperdûment amoureux de sa bru *Perrine de Harcoüette, de S. Jean de Morienne*, que son mari & sa femme lui étant un grand obstacle pour l'exécution de son pernicieux dessein, il les fit tous deux empoisonner par la fille-de-chambre de sa femme. Mais comme l'amour & la jalousie sont exposés à mille accidens divers, le beau-pere trouva la mort, où il pensoit trouver des plaisirs; car sa belle-fille lui plongea le poignard dans le sein, comme il vou-

voulut prendre avec elle des divertissemens amoureux.

Comme rien n'est caché dans le monde, tôt ou tard la vengeance éclate, le scandale arrive, & par-là on publie souvent un crime, dont le malheur s'étend quelquefois aux successeurs. Si par hazard la personne jalouse vient à se reconnoître, lorsque la maladie est formée & qu'elle n'est pas incurable, elle a pourtant pour toutes ses peines la douleur & le repentir, qui sont les effets d'un amour déréglé & la fin de la jalousie. Car par tout où se trouve la jalousie, par tout se trouve l'amour. Et comme la vie accompagne toujours les malades & que la douleur ne touche jamais les morts: ainsi la jalousie n'abandonne jamais les amoureux, & ne se trouve jamais où il n'y a que des froids & des indifférens.

Après avoir découvert la naissance, la cause, la nature & le progrès de la jalousie, il me semble qu'il ne sera pas hors de propos d'en examiner préentement les différences & les effets.

L'expérience nous fait voir tous les jours

jours que la raison est quelquefois la maîtresse de nos passions, & qu'elle les modére avec tant de force, quand on s'est accoûtumé dès le bas âge à les dompter, que l'on ne doit pas s'étonner s'il y a des hommes & des femmes qui ne se laissent point lâchement emporter à leurs mouvemens impétueux. *Joseph* eut en aparence de légitimes soupçons de la bienheureuse *Marie*; mais il sçût bien les étouffer dans leur naissance, qu'il ne se laissa point aller aux excès de la jalousie. *Jules César* avoit tant de force sur son ame, que bien qu'il eût de véritables causes pour être jaloux, sa grande ame ne succomba jamais à cette horrible passion. C'est ainsi qu'en usérent *Auguste*, *Lucullé*, *Antoine* & *Pompée*. Ces grands hommes qui avoient sujet d'être jaloux, n'en firent point de bruit. On les plaignit plutôt de ce qu'ils étoient vertueux; que l'on ne les blâma de ce qu'ils étoient imprudens. Ils sçavoient bien qu'ils ne devoient pas se scandaliser de la mauvaise conduite de leurs femmes, & que s'ils le faisoient, il n'y auroit pas jusqu'aux enfans qui ne les en raillassent.

Les femmes naturellement sont plus jalouses que les hommes, comme nous le prouverons ensuite, & ont quelquefois la même force d'ame dans de semblables occasions. *Sara* eut d'abord quelque legere jalousie de ce que son mari *Abraham* caressoit *Agar*; mais la raison vint aussi-tôt au secours de sa passion, & après l'avoir heureusement combattuë, elle consentit que son mari fit des enfans à sa servante. C'est ainsi que fit *Stratonice*, qui touchée de ce qu'elle n'avoit point d'enfans de son mari *Déjotarus*, & agitée de quelque crainte de le perdre, consentit enfin qu'il en fit à *Electra*, à condition qu'elle les adopteroit & les réputeroit pour les siens propres.

Il n'en est pas de même des ames basses & rampantes: l'amour & la jalousie s'y font ressentir avec plus d'empire, & y font paroître avec plus d'éclat le nombre des passions qui les accompagnent. Quand l'amour est arrivé à ce haut point où il ne peut plus croître, ceux qui en sont enivrés

après

apréhendent tout, une œillade les incommode, une conversation les importune, une promenade les inquiéte, une colation leur déplaît & une lettre les chagrine. Ils reſſemblent à ceux qui ſont ſur un précipice à qui les yeux s'éblouïſſent, les pieds chancellent, le corps tremble. Ils craignent de tomber, quoiqu'ils ſoient dans un lieu de ſûreté. Il n'y a que les ſages & les ſtupides qui ſoient exempts de l'excès de cette paſſion. Les autres, qui tiennent le milieu & qui compoſent preſque tout le monde raiſonnable, ſont du nombre des eſprits foibles ou médiocres. Ils ont un chancre caché dans le cœur : &, comme parlent les Médecins, un *noli me tangere*, qui ne s'entretient que par des ordures croupiſſantes ; c'eſt-à-dire, que la jalouſie ne s'entretient dans le cœur de ces petits eſprits, que par dés paſſions ennemies & des rêveries continuelles ; c'eſt de-là que viennent les inquiétudes, les extravagances & même la folie & la rage des jaloux, qui ſemblent pourtant avoir quelque eſpéce de raiſon ; comme *Lépidus* ſembloit en avoir, lorsque devenant malade, il en mourut.

Nous serons plus convaincus de ce que je dis, si nous examinons en particulier la jalousie dans l'homme & dans la femme, & si nous cherchons lequel des deux est le plus jaloux.

La crainte de perdre ce que l'on aime, est bien plus forte dans l'esprit d'une femme, que celle qui occupe l'ame d'un homme; & bien que la femme soit naturellement timide, l'expérience nous fait pourtant voir qu'elle est tellement hardie, quand elle est jalouse, que s'il est question de faire un crime, elle est beaucoup plus intrépide que nous.

D'ailleurs, comme elle est naturellement plus foible, & que par là elle a plus besoin du secours & de l'apui de l'homme, elle a aussi plus de crainte de le perdre, quand elle l'aime beaucoup.

D'autre part, parce qu'elle est plus constante en amour que nous, comme nous l'avons prouvé au chapitre précédent; elle reçoit aussi beaucoup plus d'impression par les mouvemens
de

de l'amour & de la jalousie.

La lasciveté est encore une puissante cause de l'excès de cette passion, elle la presse plus que nous & l'engage plus fortement à être plus jalouse. En effet, elle s'imagine que son mari n'en aura pas assez pour elle, & dans cette pensée lascive, elle craint qu'une autre ne partage avec elle les contentemens qu'elle desire avec ardeur & le bien qu'elle pense lui apartenir.

Au reste, elle se met plus souvent en colére & y demeure davantage, & alors la jalousie devenant fureur, elle est capable de faire tout ce qui peut y avoir de mal au monde.

Enfin, il n'y a point de bête farouche qui soit plus cruelle, que la femme, lorsqu'elle est troublée par la jalousie ; il n'en faut point d'autre preuve que celle de *Médée*, qui tua ses propres enfans pour se venger de son mari, ni que celle de *Laodicée*, femme d'*Antiochus*, surnommé *Dieu*, laquelle, selon le raport de *S. Jérôme sur Daniel*, fit mourir *Bérénice* avec son enfant, parce qu'*Antiochus* en étoit le pere, & puis elle s'empoisonna de désespoir. C'est cette passion déréglée qui a fait dire fort à propos à l'Ecclésiaste, que *la femme jalouse étoit la douleur du cœur de son mari & les plaintes de sa famille.*

Les hommes en usent à peu près de la même façon, si ce n'est que la lasciveté n'a point tant de part dans leur jalousie qu'elle en a dans celle des femmes. Ils apréhendent seulement qu'un autre ne ravisse le bien qu'ils pensent n'apartenir qu'à eux seuls; & dans cette noire pensée, ils se chargent d'une des plus cruelles passions de l'ame.

C'est la jalousie qui fit perdre la vie à *Marianne*, parce que son mari *Hérode* ne pouvoit souffrir que l'on aimât sa beauté. C'est aussi la même passion qui obligea le mari de la *belle Meuniére* à donner du mal à sa femme, pour le communiquer ensuite à un Monarque des plus illustres de l'Europe, qui aimoit beaucoup les belles lettres; & comme il ne pût, ou ne voulût pas se venger sur sa Personne Royale, il se vengea sur le corps de sa femme, qui ensuite infecta le Roi. Je ne sçaurois ici passer

passer sous silence ce que l'on nous dit d'*Octavius*, qui après avoir baisé amoureusement *Pontia Posthumia*, fut si vivement choqué de ce que cette femme ne voulut pas l'épouser, après l'en avoir priée, que son amour se changea en fureur, si bien qu'il arracha la vie à celle qui entre ses bras la lui avoit si souvent redonnée.

En vérité les hommes ressemblent bien aux cerfs, qui étant naturellement fort craintifs, sont extrêmement jaloux de leurs biches; aussi les naturalistes ont ils remarqué que le poil de leur tête étoit garni de vers, qui la leur rongeoient incessamment. *François Torre* en avoit un gros dans la tête, selon que l'Histoire d'Italie nous le raporte, lorsqu'il se pendit à Modêne, pendant que dans le dernier siécle *François Guichardin* en étoit Gouverneur, parce que la Courtisane *la Calore*, qu'il aimoit éperdûment, toucha la main d'un Gentilhomme qui joüoit aux échecs avec lui. Mais s'il y a de legéres maladies que nous domptons par notre façon de vivre; il y en a une infinité d'autres qui

font

sont périleuses & même funestes, ou par notre faute, ou par leur propre nature, que nous ne pouvons combattre par nos remédes. Ainsi la raison guérit les legéres jalousies, mais elle ne combat pas aisément les fortes ni les désespérées. Je ne sçai si l'on eût pû guérir la violente maladie de *Procris*, que son mari *Céphale* tua pour une bête fauve, ni celle de *Thébé* & de *Luculla*. La premiére, au raport de *Cicéron*, tua *Phérée* son mari, sur un fort leger soupçon; & l'autre empoisonna son mari l'Empereur *Antonius Vérus*, parce qu'il aimoit *Fabia*.

Il est donc vrai que les grandes ames sçavent, par la force de leur raison, résister à la jalousie; qu'elles ne la reçoivent jamais qu'à la porte, pour parler ainsi, sans la laisser entrer dans le logis, où sans doute comme un soldat ennemi, elle ruineroit son hôte. En effet, un homme prudent, selon la pensée d'*Aristote*, doit sçavoir l'honneur qu'il doit à ses parens, à sa femme, à ses enfans & à lui-même, afin que le rendant à ceux qui le méritent, il soit estimé juste te & saint dans sa famille. Il n'en est pas ainsi des petits esprits & des médiocres ; jamais la raison ne vient à leur secours. Ils se laissent entraîner à la violence d'une passion qui les agite, & n'ont pas assez de force pour résister à ses mouvemens excessifs.

Je puis donc conclure que l'amour n'est jamais sans jalousie, & que l'on ne sçauroit aimer sans être jaloux.

CHAPITRE X.

Si la femme timide aime plus que la hardie & l'enjoüée.

NOus avons prouvé ailleurs que les femmes étoient d'un autre tempérament que les hommes, & qu'étant plus froides & plus humides, il étoit bien raisonnable que la nature les eût créées de ce tempérament, parce qu'elles avoient été faites d'une autre matiére que nous & pour d'autres usages. En effet, elles ont plus de part dans la génération & dans la perpétuité de

notre

notre espéce, que les hommes mêmes. C'est sans doute pour cette raison qu'elles sont ordinairement plus sanguines, ou plutôt qu'elles ne dissipent pas tant de sang que nous, & que d'ailleurs elles sont plus sujettes à des épanchemens périodiques & à des régles de tous les mois, qui ne manquent jamais à celles à qui l'âge & la santé le permettent.

Mais comme leur tempérament est bien différent du nôtre, il n'est pas moins dissemblable parmi elles. Il y en a de sanguines, de bilieuses, de pituiteuses & de mélancoliques, ou pour mieux parler, d'humides, de chaudes, de froides & de séches. Ces qualités ne sont pas ordinairement seules, elles sont accompagnées d'une autre qui ne leur est pas incompatible; ainsi les sanguines sont chaudes & humides; les bilieuses, chaudes & séches; les pituiteuses, froides & humides; & les mélancoliques, froides & séches. Or de tous ces tempéramens, il n'y a que les sanguines qui peuvent servir à mon sujet, mais ce sont ces tempéramens sanguins

guins qui participent un peu de la bile ou de la mélancolie, d'où naissent des humeurs & des inclinations fort différentes. Car la femme sanguine-bilieuse; c'est-à-dire, la chaude & humide, qui aura un peu de bile mêlée parmi son sang, sera gaïe & badine : & la sanguine mélancolique; c'est-à-dire, la chaude & humide, où la mélancolie aura un peu de part, sera timide, mélancolique & serieuse.

Le sang, qui est la liqueur dominante dans le tempérament de ces deux femmes, sera plus subtil, plus ému & plus fluide dans la folâtre que dans la timide : ses esprits seront plus clairs, plus mobiles & plus obéïssans à l'ame; parce que la bile, selon le sentiment des Médecins, qui est la partie la plus chaude, la plus séche & la plus legére du sang, y sera mêlée d'une maniére à ne pas nuire à la santé : au lieu que le sang de la mélancolique sera plus épais, plus terrestre & moins propre à s'agiter; ses esprits seront aussi plus ténébreux, moins mobiles & plus rebelles aux ordres de l'ame : parce que la mélanlancolie, qui est une liqueur la plus épaisse du sang, sera une bonne partie de sa masse.

Je ne prétens point parler ici de ces mélancoliques malades, qui ont l'imagination troublée & qui sont véritablement foles, ni de ces autres mélancoliques froides & séches, qu'il faut incessamment pousser pour les faire agir ; mais ces mélancoliques qui ont le sang chaud & sec, & qui, selon l'aveu d'*Aristote* & selon l'expérience même, sont des personnes sages & spirituelles. Celles qui ont ce tempérament, ne sont ni si tristes, ni si mornes que le peuple se le persuade ; au contraire, elles sont gaies & enjouées, par le sang qui domine dans leurs veines ; mais à la vérité, elles ne le sont pas tant que les bilieuses.

Je ne prétens pas aussi parler ici de ces tempéramens de femmes fort sanguines, qui n'ont que sept ou huit jours de libres pendant un mois, & qui sont sujettes pendant vingt ou vingt-deux jours à des écoulemens ennuyeux, comme étoit Mademoiselle de de Ling.... qui de plus fentoit le bouc dès l'âge de douze ans, qui font bonnes & pacifiques, & qui dans leur extrême vieillesse, deviennent stupides & hébêtées; mais seulement de celles qui n'ont leurs régles que quatre ou cinq jours de suite, qui font simples, mais adroites & enjouées, & qui dans un âge décrépit, ont les fens aussi rassis, que dans leur plus vigoureuse jeunesse.

Après avoir fait toutes ces distinctions de tempéramens, examinons à cette heure les signes qui conviennent en général à ces deux complexions, & ceux qui leur font propres en particulier.

Les filles sanguines-bilieuses ont des signes communs, qui peuvent convenir aux sanguines-mélancoliques. Les unes & les autres sont de toutes sortes de tailles: il y en a de grandes, de médiocres & de petites, toutes deux sont belles ou laides; l'une & l'autre ont de grosses veines aux bras & aux mains, & du poil au chignon du col & le long de l'épine du dos. L'amour les a marquées toutes deux de sa marque, &

leur a imprimé sur les jouës & sur les lèvres le caractére de la cruauté. Leurs pomettes de joues sont rouges comme des roses, & leurs lèvres comme du corail; elles sont au toucher fermes & un peu séches; & la chaleur dominante ne leur permet pas d'avoir une peau humide & fade, ni le coloris du teint plâtré & dégoûtant.

Il n'en est pas ainsi des autres marques particuliéres, qui distinguent les filles sanguines-bilieuses d'avec les sanguines mélancoliques. Celles-là ont un sang plus délié & plus fluide; au lieu que celles-ci en ont un plus grossier & plus visqueux. Dans celle-là la bile se fait connoître par ses effets; c'est-à-dire, une proportion du sang la plus chaude & la plus séche; & dans celles-ci, la mélancolie; c'est-à-dire, une bile brûlée & un sang épais, qui est beaucoup plus chaud & plus sec que la bile dont souvent elle est faite. Celles-là ont comme un feu, qui brûle comme dans de la paille; & celles-ci en ressentent un autre qui est allumé dans leurs entrailles comme dans du

bois

bois verd, qui, bien qu'il n'ait pas tant d'éclat ni de lumiére que l'autre, a pourtant beaucoup plus de chaleur. C'est donc du sang que naissent les différences que nous observons dans ces deux sortes de tempéramens, & que nous découvrons dans le corps & dans l'ame de ces deux filles.

D'ailleurs, bien qu'elles ayent toutes deux de l'embonpoint; cependant la bilieuse ayant un sang plus délié, plus actif & plus pétillant, & ses actions étant plus badines; de plus, dissipant plus de sang que l'autre, elle doit aussi être plus maigre, & ses régles ne doivent couler que trois ou quatre jours de suite, & encore en fort petite quantité: au lieu que les régles de la mélancolique coulent plus abondamment pendant sept ou huit jours: & parce que le sang de celle-ci est plus épais & moins actif, que sa vie est plus sédentaire, qui ne lui permet pas d'en faire une si grande dissipation, & d'ailleurs qu'elle dort davantage, ses actions doivent aussi être plus lentes & son embonpoint plus accompli.

Au reste, la bilieuse a ordinairement la tête petite & les cheveux blonds ou châtains : mais la mélancolique l'a un peu plus grosse & mieux faite, & son poil & ses cheveux sont noirs : & comme la sanguine-bilieuse est plus sujette que l'autre à toucher dans les foiblesses de son sexe par la force de son tempérament ; les anciens Romains avoient accoûtumé de dépeindre les Courtisanes avec des cheveux & des perruques blondes ; & les sages Matrones avec des noires : témoin *Petrône*, qui dans son Histoire Satirique, donne des tresses blondes à *Lépida*, à *Agrippine* & à *Poppée*, les trois plus grandes Courtisanes de leur tems. De plus, la sanguine-bilieuse a une gorge médiocre & des tetons fermes qui ne se touchent point, & qui semblent être comme colés à sa poitrine : mais la sanguine-mélancolique a une grosse gorge, & ses mammelles dures se touchent & se baisent l'une l'autre, pour marquer ses inclinations secrettes & amoureuses.

Si deux jeunes filles sont distinguées

par des signes essentiels que l'on observe dans leurs corps; elles ne sont pas différentes par les diverses passions qui occupent leur ame.

La fille sanguine-bilieuse est de son naturel agissante & legére, hardie & enjoüée, inquiéte & inconstante: elle chante, elle danse, elle folâtre toûjours; jamais en repos, toûjours badine. L'amour paroît à découvert dans ses yeux & sur son visage, comme il est dans son cœur: enfin, c'est la sincérité même & la candeur. Que si un homme lui plaît, d'abord elle s'engage à l'aimer; alors son feu est violent, mais il ne dure pas: c'est un feu de paille, dont l'activité est bien-tôt ralentie. Le premier venu la persuade aisément & lui fait changer de dessein; de sorte qu'elle se fait autant d'amans qu'il y a de personnes qui lui plaisent. Son tempérament est la cause de ses inclinations. Les esprits de son sang, qui sont les organes dont l'ame se sert pour agir, sont toujours émus avec violence au moindre objet qui se présente. Ils ne trouvent point d'obstacle dans sa petite tête qui les y arrêtent, & ils ne demeurent point où la raison réside. C'est ce qui la fait résoudre trop promptement & juger avec trop de précipitation. Elle ne regarde jamais l'avenir ; elle n'envisage que le present, qui passant fort vîte, n'est accompagné que de fort peu de circonstances : aussi se repent-elle souvent de ses desseins, & se trompe presque toujours dans le commerce de la vie.

 Toutes ces legéres inclinations n'empêchent pourtant pas qu'elle n'aie meilleure grace & moins de contrainte que l'autre, & quoiqu'elle soit fort enjoüée & fort libre au-dehors, elle est pourtant fort modeste & fort retenuë au-dedans. Ce n'est pas une gayeté de malade qui rit en mourant, & qui est un signe des ordures qui l'ont excitée. Sa joie & son enjoûment marquent la tranquillité de son esprit, le repos de son ame, la sagesse & la vertu qui ne se lient jamais qu'avec l'innocence & la simplicité ; & si elle est si facile à persuader, elle est assurément fort difficile à prendre.

J'a-

J'avouë que c'est un des malheurs du siécle de n'oser badiner, sans que l'on s'en plaigne & sans que l'on en médise, comme si l'eau dormante étoit meilleure à boire que celle qui court. En vérité ces aimables personnes méritent nos respects. La naïveté de leurs actions nous charme, & la sincérité de leurs sentimens nous enchante. Les esprits du sang de cette jeune fille toujours émuë, enflâment son cœur par la vîtesse de leurs mouvemens : ils échauffent son cerveau par le passage qu'ils y font avec précipitation : en un mot, ils mettent tout son sang dans un mouvement précipité, ce qui est la cause de l'inconstance & de l'enjoûment de la belle.

C'est donc son tempérament qui la rend legere, non vicieuse, gaïe, non vaporée, simple & non stupide. Si par hazard elle s'attache à un homme pour le mariage, elle le fait plutôt par considération & par obéïssance, que par sa propre inclination : & comme elle entre dans un état où le badinage en fait l'essence, jugez si l'amour, qui n'est qu'un enfant & qui se plaît toûjours à

badi-

badiner, n'augmentera pas son inclination enjoüée? Elle folâtrera même jusques entre les bras de son mari, quand elle se soumettra aux ordres que la nature lui a imposé, pour lui rendre ce qu'elle lui doit. Son corps ne sera pas plus en repos que son ame, qui pourtant ne s'égarera jamais par les plaisirs excessifs du mariage : ses membres ne deviendront jamais immobiles ni froids, parce que son cœur ne sera point navré par l'excès des contentemens amoureux : si sa voix est quelquefois chancelante, ses soûpirs suffoquans, sa parole mourante & entrecoupée, il ne faut qu'en accuser l'amour qui la blesse, mais qui ne la fait pas mourir. Sa legéreté naturelle, qui ne lui permet pas de s'attacher si fortement à son mari, lorsqu'elle fait ce que l'on fait dans le mariage, l'exempte des coups mortels de l'amour.

Mais la fille sanguine-mélancolique a bien d'autres inclinations que celle-là. Son ame est bien plus constante & moins legére. Quand elle badine, c'est avec plus de retenuë ; quand elle chante ou danse, c'est avec plus de modestie.

considéré dans l'état du Mariage. 403

tie. Si l'amour paroît dans ses yeux & sur son visage, c'est d'une maniére forte & assurée, qui marque bien qu'il s'est emparé de son cœur & qu'il y loge comme dans son trône. Sa timidité naturelle ne l'oblige pas à s'engager si-tôt à la vûë d'une personne qui lui plaît. Elle y pense long-tems avant que d'aimer. L'amour touche long-tems son cœur sans l'échauffer ; & quand il l'échauffe par son feu, qui a de legers commencemens, elle en ressent insensiblement la chaleur, qui croît toûjours. Et quand ce feu est une fois allumé, il est ardent & même violent ; c'est un feu dans du bois verd & dans une matiére épaisse, qui ne s'éteint pas si tôt. Il n'y a ni persuasions, ni raisons assez fortes qui puissent détourner cette fille d'aimer, quand elle est une fois attachée à un homme qu'elle estime. C'est un effet de sa complexion, qui la rend si constante dans ses desseins & si résoluë dans ses entreprises.

Son sang & ces esprits bouillans qui coulent lentement dans ses veines, font tant d'impression sur son cœur & sur

son

son cerveau, que toutes les parties de son corps s'en ressentent également. Le feu qui l'anime est d'une matiére si tenace, qu'il ne l'abandonne jamais qu'après l'avoir consumée. De-là vient qu'elle consulte avec raison, qu'elle raisonne avec prudence, & qu'elle s'abandonne avec discrétion. Elle se perd bien loin dans l'avenir & y va chercher des plaisirs, pour s'assurer de son bonheur qu'elle grossit toûjours. Sa prudence la rend malheureuse. Elle est ingénieuse à se tourmenter. L'espérance la flâte & lui fait voir des voluptés excessives; ainsi elle trouve des plaisirs réels par la force de son imagination, qui ne sont véritablement qu'imaginaires. Les circonstances infinies de l'avenir embarassent son ame amoureuse; & pour n'être point trompée, elle se feint des contentemens dans toute leur étenduë. Son imagination vive est échauffée par le desir extrême de la joüissance. Son esprit même, que j'ai nommé ailleurs *intelligence*, semble extrêmement emporté par les émosions de son ame, qui est la partie spirituelrituelle, la plus baſſe & plus voiſine des ſens. Ses rêveries en amour ſont extravagantes ; elles vont juſqu'à l'extaſe, d'où elle ne ſortira pas ſi-tôt, à moins que l'on ne l'en tire comme par miracle. Car comme le Démon ſe mêle quelquefois parmi les vapeurs de la terre qui forment l'orage, pour cauſer quelque part du déſordre, s'il en faut croire nos Démonographes : ainſi l'amour ſe mêle quelquefois parmi les fumées noires d'une bile brûlée pour leurrer le beau ſexe, ſous l'eſpérance d'un bonheur ou de quelque grand plaiſir à venir.

Enfin, l'amour qui agite cette fille eſt ſi violent, qu'elle tomberoit ſans doute dans quelque déſordre odieux pour ſon ſexe, ſi la timidité & la crainte n'étoient de puiſſans obſtacles pour s'opoſer aux effets de ſa paſſion amoureuſe. Sa timidité naturelle eſt même une marque de ſon eſclavage amoureux & du trouble qu'elle ſent au dedans ; & ſi elle paroît retenuë, elle n'eſt pas innocente. Les ames les plus diſſimulées, ſont celles qui ſont les moins tertueuses, parce que le masque dont elles se couvrent, empêche que l'on ne découvre ce qu'elles sont véritablement.

Si nous cherchons la cause de toutes les inclinations de cette fille, nous trouverons sans doute que son sang chaud & grossier, ses esprits brûlans & agités sont la source de toutes ses passions : car son ame amoureuse, qui se sert de ces esprits enflâmés pour l'usage de ses passions, les excite avec tant de force dans son cœur, qu'il en est lui-même fort ému & fort échauffé ; & puis le cœur agitant encore dans ses petites cavités ces mêmes esprits, les rend encore plus chauds & plus pénétrans, si bien qu'étant ensuite dardés avec vigueur dans le cerveau, ils y ébranlent les petites fibres qui excitent l'imagination. C'est donc par le moyen du feu du cœur & par la vivacité de l'imagination, qu'il se fait une multiplication & un concours d'esprits, qui accablent pour ainsi dire le cœur & le cerveau de cette jeune personne. Il est vrai que ces parties se déchargent sur
leurs

considéré dans l'état du Mariage. 467
leurs propres canaux de ce qui les trouble sur les autres parties du corps, & principalement sur les parties naturelles de cette fille, où ces esprits font une telle impression, qu'il n'est pas aisé de détruire, par la tenacité de la matière dont ils sont faits & dont l'ame se sert pour exécuter ses passions.

Si par hazard on parle de mariage à cette fille, alors tout est en trouble chez elle; elle devient rêveuse, morne, chagrine & plus timide qu'à l'ordinaire. Ces désordres sont des marques assurées que l'amour fait du ravage dans son cœur. Alors elle desire avec empressement ce qu'elle refuse avec crainte. Enfin, si l'amour l'emporte sur sa timidité, & qu'elle consente à se jetter entre les bras d'un homme, sa timidité naturelle refusera toûjours des faveurs qu'elle voudra bien laisser prendre, afin d'accuser son consentement par la force. Alors l'amour extrême lui ôtera les forces & s'emparant entiérement de son cœur, la laissera froide & immobile comme un glaçon, faute de chaleur & d'esprits

Tome I. Mm *qui*

qui n'auront été précipités que dans ses parties naturelles pour obéir aux ordres de la nature. Que si alors elle donne quelque marque de vie, ce n'est que par des soûpirs & des sanglots entrecoupés, & son extase est si grande, qu'elle n'a pas même senti les commencemens des voluptés qui l'ont causée.

C'est donc le sang & ses esprits, qui étant de différente nature, font la variété de la complexion de ces deux personnes. Car s'il est vrai que les plus timides engendrent plus de sang & plus d'humeurs superflues, parce qu'elles aiment plus l'oisiveté & le repos, il sera aussi vrai de dire qu'elles font plus de semence & que par conséquent elles sont plus amoureuses : témoin les *Lapines*, qui étant les plus timides des animaux, sont aussi les plus amoureuses & les plus fécondes : elles n'ont pas sitôt mis bas, qu'elles conçoivent une autrefois, ou qu'elles ont déja conçû. Cela est si assuré, qu'*Ovide*, qui est le maître en l'art d'aimer, a dit adieu à l'amour, si l'on bannissoit l'oisiveté, &

que

que *Théophraste* a défini l'amour par *une affection d'une ame paresseuse.* C'est sans doute dans cette vûë que deux fameux Sculpteurs de l'Antiquité, *Carracus* & *Phidias*, firent *Vénus* d'une même inclination, par la posture qu'ils lui donnérent; car l'un la fit assise, & l'autre lui donna une tortuë sous les pieds.

Il n'en est pas de même des gaïes & des enjoüées; elles sont plus séches & n'engendrent pas tant d'excrémens; elles n'ont pas le tems de demeurer en repos, ni de rêver à l'amour; & si elles sont amoureuses, elles ne le sont qu'avec inconstance, à cause de l'activité de leur sang & de la multiplicité des objets qui leur plaisent. Ainsi je puis véritablement conclure que les timides sont plus amoureuses que les enjoüées.

CHAPITRE XI.

S'il y a plus de peine à gagner les bonnes graces d'une femme qu'à se les conserver.

IL n'étoit pas, ce me semble, besoin que Dieu contraignit les deux sexes par des commandemens sévéres à s'aimer l'un l'autre. Il avoit mis dans nos cœurs, en nous créant, les desirs suffisans, pour nous porter à aimer. Témoin *Adam*, qui n'eût pas plûtôt vû *Eve*, qu'il en devint amoureux; & je pense que les caresses qu'il fit à sa femme, furent les premières occupations de sa vie. Son feu fut d'abord violent aussi-bien que dans la suite, puisqu'il ne s'éteignit qu'avec sa vie. *Eve*, de son côté, n'en fut pas moins émuë; sa flâme s'augmenta par le feu de son mari; & l'amour qui n'étoit alors qu'un enfant, non plus qu'à cette heure, badina avec eux, comme il fait presentement avec nous.

Que si Dieu a fait des préceptes pour nous

nous engager à aimer, il faut croire que ce n'a été qu'à cause de la corruption de notre nature. Il nous avoit donné d'abord assez d'inclinations de part & d'autre, pour ne nous pas refuser des faveurs : mais il se trouva dans la suite des tems des personnes si barbares & si peu humaines, qu'elles éteignirent ce feu naturel & ces flâmes innocentes, par une injustice qui en fit faire une loi.

Il y a pourtant peu de personnes aujourd'hui qui soient si cruelles, que de haïr plûtôt que d'aimer. La plûpart sont d'une autre humeur, & ils se trouvent si indispensablement obligés à aimer, par une inclination secrette & naturelle, qu'ils cesseroient plutôt d'être, qu'ils ne cesseroient d'aimer. La femme principalement est de cette complexion; elle aime naturellement; elle n'a qu'à voir un homme, pour avoir d'abord de l'estime pour lui, parce qu'il est d'un autre sexe : aussi est-ce pour cela que quelques Philosophes l'ont apellée un *Animal sociable.*

Comme elle est faite d'une matiére

plus douce & plus polie que celle de l'homme, elle a aussi des parties plus molettes & plus tendres. Son cœur est plus porté à la compassion que le nôtre, & sa pitié s'étend souvent jusqu'à soulager nos langueurs, quand il iroit même de la perte de sa réputation & de sa vie. Elle auroit de la peine à voir un homme prosterné à ses pieds, sans le relever aussi-tôt, pour l'embrasser ensuite avec des soupirs réïtérés, ou des larmes abondantes, qui sont des marques évidentes de sa tendresse. Aussi nous avons remarqué ailleurs, qu'elle aimoit avec plus de force & de constance que l'homme, & qu'il sembloit que la nature lui eût fait un cœur propre pour aimer, si bien que les Historiens ne nous ont jamais parlé des femmes *Misantropes*, comme ils ont fait de plusieurs hommes.

D'ailleurs l'envie déréglée qu'elles ont de se rendre immortelles par les moyens de la génération, est encore une puissante cause qui les oblige à aimer; & parce qu'elles ne sçauroient engendrer seules, elles cherchent avec em-

empressement une compagne avec qui elles puissent se lier étroitement, & par l'ajonction de leurs feux, produire une étincelle qui soit la cause d'un autre feu, qui s'allumera un jour dans le cœur de l'enfant qu'ils auront engendré.

Je ne veux point m'arrêter ici aux fables que l'Antiquité nous a débitées, lorsqu'elle nous a fait connoître des exemples de productions extraordinaires, & qu'elle a publié que ses Dieux & nos hommes avoient fait leurs semblables sans le commerce d'un sexe différent. Cela me paroît si impossible, que j'ai dessein de faire un discours, lorsque je traiterai des *Incubes*, pour désabuser ceux qui pensent qu'il y en a qui peuvent engendrer sans le secours & sans le mélange d'un sexe différent.

D'autre part, la femme étant naturellement fort humide, elle engendre aussi beaucoup de sang & de semence, dont souvent elle ne sçauroit se débarasser toute seule. Elle se trouve quelquefois si chargée de cette dernière hu-

humeur, pour ne rien dire de la première, qu'au raport de *Galien*, il a fallu user d'artifice & de reméde à l'égard de quelques-unes, dont l'état ne permettoit pas les caresses des hommes, pour les débarrasser de cette matiére importune. C'est cette semence qui leur cause tant de maux, quand elle est retenuë ou corrompuë dans ces réceptacles & dans ses cornes, ou quand elle en sort par l'ouverture frangée de ses trompes, pour se répandre dans la cavité du ventre. C'est elle qui trouble l'imagination, qui déprave la mémoire, qui ruine la raison, & qui contre les loix de la nature, arrêtant le mouvement du sang, ou le faisant boüillonner, rend les femmes froides, stupides, & même extasiées ou emportées, hardies & maniaques. Enfin c'est elle qui rend quelquefois leur corps tremblant & convulsif; si bien que la nature qui par un instinct secret leur a montré un reméde assuré pour leurs maux, leur inspire un desir ardent de se joindre amoureusement à un homme; & c'est cette union qu'elles cherchent quelquefois avec empressement, sans sçavoir souvent ce qui les porte à aimer.

Au reste, la passion d'aimer ne seroit pas sans doute si violente, si la nature n'avoit établi dans les caresses des femmes avec les hommes, des plaisirs qui surpassent toutes les autres voluptés, par la sensibilité des parties nerveuses & naturelles de la femme, & si elle n'avoit continué ces mêmes plaisirs hors des embrassemens amoureux. Car quand il est question d'aimer, la femme a une imagination si vive & si obéissante aux ordres de l'amour, que souvent les parties amoureuses sont échauffées, & plus irritées dans l'absence que dans la presence même d'un homme. Ainsi la volupté étant continuelle dans les femmes amoureuses, soit par la force de leur imagination, ou par des caresses véritables, il n'y a pas lieu de douter que le plaisir ne soit une puissante cause qui les oblige à aimer.

Mais encore la femme qui est foible de son naturel, & qui, selon le sentiment de *Platon*, pourroit être mise au rang

des

des animaux irraisonnables, n'envisage souvent que la volupté pour l'unique but des embrassemens amoureux. Son action étant d'elle-même une action animale, ne fomente dans son esprit d'autre idée que celle dont elle porte le nom; & comme le plaisir est oposé à la douleur que la nature abhorre extrêmement, la femme ne considére la volupté dans les caresses amoureuses, que comme l'unique reméde à ses maux.

Enfin elle a encore une raison, aussi civile que naturelle, qui l'oblige à aimer. La nature l'a faite aussi foible que timide; c'est pour cela qu'elle est contrainte de chercher ailleurs que dans soi-même de la force pour se défendre contre ses ennemis & de l'apui pour se soûtenir dans les occasions. La soûmission qu'elle fait paroître dans l'action amoureuse & la foiblesse de sa taille, marquent assez qu'elle a besoin du secours & de l'apui de l'homme: ajoûtez à cela qu'elle a un esprit fort leger, qui demande de la prudence pour être utile à quelque chose.

C'est

C'est une giroüette qui tourne au moindre vent, & qui seroit sans doute emportée par la tempête, si la verge qui la soutient ne la retenoit.

Que l'on ne me dise pas qu'il y en a aujourd'hui d'assez fortes, pour gouverner des Royaumes entiers que la foi a fait tomber en quenoüille, & qu'autrefois les Amazones, qui entreprenoient des guerres sanglantes & qui en raportoient d'heureuses victoires, n'étoient ni foibles ni timides. Car l'expérience de tous les jours nous fait voir, qu'outre qu'il y en a peu de ce nombre, celles qui sont les seules Reines d'un grand pays, ne gouvernent ordinairement que par l'avis des Grands de la Nation; & quoique *M. Petit* nous ait dit depuis peu des merveilles touchant les Amazones, cependant elles ne conviennent ni à notre climat, ni à notre façon de faire, ni à nos tempéramens, la force & la hardiesse n'étant attachées naturellement qu'aux hommes de nos régions.

Il est donc vrai que la femme est plus timide & plus foible que nous, & qu'elle le a aussi des inclinations plus fortes que nous à aimer : & puisqu'elle a pris naissance d'une de nos côtes, comme nous le marque l'Ecriture, & que tout retourne, selon l'ordre de la nature, dans le lieu d'où il est sorti ; il est bien raisonnable que la femme aime l'homme & qu'elle se joigne naturellement à lui, pour se remettre dans la place qu'elle occupoit autrefois.

Pour l'homme, il ne lui est pas difficile d'aimer une femme qui l'aime : on a autant d'inclination pour elle, qu'elle en a pour nous. Il ne faut que lui marquer de la douceur pour l'obliger à l'aimer. Ce sont des mouches qui se prennent avec un peu de miel. Pour la femme, la complaisance la rend soumise. Faire ce qu'elle veut, c'est la gagner avec peu de peine. Mais l'assiduité que l'on a auprès d'elle la rend esclave ; car comme elle est de la nature des enfans qui aiment toûjours à badiner, quand ils en trouvent l'occasion ; ainsi quand la femme manque de jouet pour s'ébattre, souvent elle cesse d'aimer. Enfin la pudeur lui étant quelque

considéré dans l'état du Mariage. 419
que chose de naturel, elle desire laisser prendre ce qu'elle ne veut pas donner. En vérité un homme timide ne s'accorde guéres alors avec la timidité d'une femme, il faut qu'il l'attaque hardiment & qu'elle se défende avec foiblesse.

Il est donc fort aisé de s'aimer réciproquement, puisque l'amour est l'arrhe de l'amour, & que dans le païs amoureux l'on ne change jamais de monnoye. Mais il est très-difficile de se conserver l'estime que l'on s'est acquise auprès d'une belle: car si se conserver les bonnes graces dépendoit de la nature qui agit toûjours régulierement, je croirois qu'il seroit aussi aisé de se les conserver que de se les acquérir; mais comme il ne dépend que du caprice & de la legéreté d'une femme de nous continuer ses faveurs, il faut espérer de les perdre souvent, & même quelquefois dès le moment que nous les avons acquises.

L'orgueil & la vanité des femmes sont la véritable cause de cette perte. Elles s'imaginent qu'elles sont ce qu'elles ne sont pas, il leur semble que

Tome I. N n leur

leur régne est éternel, & qu'elles seront toûjours belles, agréables & maîtresses, comme elles étoient autrefois : mais l'homme qui aime naturellement sa liberté, a de la peine à se soumettre long-tems à une belle ; & comme cette soumission lui ôte un peu de son droit, il s'échape quelquefois, il se dérobe ; & ce qui pis est, il se dégoûte d'une même personne ; ainsi il déplaît à la belle, qui le chasse comme un perfide & un inconstant, & comme un indigne de son amour.

D'ailleurs la femme qui aime beaucoup, est fort impatiente ; elle voudroit que sa passion fût assouvie dès qu'elle la presse ; & si un homme épuisé, qui ne l'aura mise qu'en apétit, s'absente pour se rétablir de ses langueurs, tout est perdu. C'est *Poppée* qui s'allarme de l'absence de *Néron*, ou *Agrippine* de celle de *Crépérius Gallus*. Enfin ce sexe ne veut point d'absence, autrement il s'offense & il se plaint. Toujours badiner & caresser, c'est son affaire ; si l'on n'est pas assez prompt à lui accorder tout ce qu'elle demande, l'inquiéquiétude la prend & l'oblige souvent à rompre le respect qu'elle doit à son Amant, qui d'ailleurs lassé du caprice & de l'impatience de cette femme lascive, l'abandonne pour en chercher une autre qui ait de meilleures inclinations.

D'autre part, elle est fort amoureuse de son naturel, sa complexion la porte naturellement à aimer; & pendant que sa pudeur couvre sa passion, sa passion excite ses humeurs dans ses parties naturelles, d'où souvent naissent des vapeurs malignes & déliées, qui éguisent son imagination & qui la rendent plus amoureuse qu'elle n'étoit auparavant. Dans cette fougue de passion, elle n'est plus à elle-même; quoiqu'il en coute, elle veut être satisfaite. Et si un homme veut alors se servir d'elle, comme de reméde, ou qu'étant un peu indisposé, soit par la maladie ou par l'âge, il ne puisse fournir aux plaisirs de la belle, tout est perdu. Point d'excuse pour lui : on s'en lasse, on s'en dégoûte, & l'on en cherche ailleurs un autre, qui par la nouveauté s'acquittera mieux de son devoir, mais qui quittera enfin la partie par les épuisemens excessifs qu'il souffrira avec cette femme amoureuse.

La jalousie suit de bien près son infâme volupté; elle pense qu'on est toujours prêt à satisfaire sa passion; & quand on ne l'est pas, elle s'imagine que l'on fait ailleurs des déboursés, au lieu d'en faire chez elle. Alors elle ne peut voir son Amant, qu'elle ne murmure, qu'elle ne se plaigne, & qu'elle ne devienne triste, morne, chagrine & insuportable. Elle voudroit toujours assujettir un homme auprès d'elle & le tenir toujours en prison. Mais comme il ne peut long-tems souffrir ses chaînes & son esclavage, il s'échape, il fuit & cherche ailleurs de quoi se divertir. Alors la jalousie augmente; souvent elle se change en rage & en desespir, & alors on trouve la belle plutôt disposée à la vengeance qu'à l'amour. Cet objet n'est plus aimable; c'est un démon visible qui nous a tenté, mais qui nous fait horreur presentement.

Enfin son opiniâtreté est sans exemple;

ple; on n'a qu'à lui marquer fa volonté, pour l'obliger à faire le contraire. Si l'amour, par fes enchantemens ordinaires, cachoit tous les défauts de cette femme, on fe laifferoit furprendre à fes artifices; mais comme fa paffion eft trop violente pour feindre, on défille enfin les yeux & l'on s'ennuye d'être efclave d'une belle, qui eft fi capricieufe & fi incommode : & quoique l'on ait pû faire pour conferver fes bonnes graces, elle eft fi bourruë & fi inégale, qu'il eft impoffible de vivre auprès d'elle dans une bonne intelligence. Si elle a quelque efpéce de vertu, elle eft vicieufe, & les circonftances qui l'accompagnent ne la rendent pas aimable.

Enfin, quelque amoureux que foit un homme, il ne peut long-tems fe plaire auprès d'une femme qui a de femblables défauts; & comme la plûpart des femmes aprochent fort de la complexion de celle-ci, il me femble qu'il me fera permis de conclure qu'il eft plus difficile de fe conferver les bonnes graces d'une femme que de fe les acquérir.

CHAPITRE XII.

Si la belle plaît plus que la complaisante.

Souvent il faut un siécle entier pour faire naître une belle personne ; parce que la nature a besoin pour cela de tant de parties proportionnées les unes aux autres, & de tant de conditions différentes du côté de ceux qui l'engendrent, qu'il est bien difficile qu'elle y réüssisse. Souvent l'ame des parens n'est pas toujours dans des dispositions convenables, & la matiére dont les hommes sont faits n'est pas toujours flexible pour lui obéïr, si bien que je ne m'étonne pas s'il y a si peu de belles personnes au monde.

La beauté ne consiste pas seulement dans la juste proportion de toutes les parties du corps, mais encore dans la santé, dans la jeunesse & dans l'embonpoint, qui rendent la peau polie & blanche, & outre cela, quelques parties du corps vermeilles comme du corail

rail rouge. La bonne grace est encore tellement essentielle à la beauté, par la conduite du mouvement du corps, & principalement du visage & des yeux, qui sont les truchemens de l'ame, que souvent c'est cette seule bonne grace, qui faisant une grande partie de la beauté, nous engage à aimer. Mais la beauté n'est point parfaite, si l'ame n'a les agrémens, & si une belle personne n'est point la maîtresse de ses passions.

Le Cardinal *Cajétan* & le Philosophe *Socrate*, les plus laids hommes du monde, sçûrent si bien embellir leur ame, par la modération de leurs passions, qu'ils se sont fait aimer à ceux qui eussent eu de l'aversion pour eux, s'ils ne les eussent regardés que par les yeux du corps.

C'est cette beauté parfaite du corps & de l'ame, qui procédant de la Divinité, nous persuade aisément sans rien dire. Elle attire promptement nos yeux, & en même-tems, par une tirannie secrette, elle se rend maîtresse de notre volonté. Elle est placée dans toutes les parties proportionnées du corps, comme me nous l'avons dit au *Chap. II.* de ce Livre : mais elle paroît principalement dans le visage & dans les yeux, où l'ame se represente elle-même & où la beauté a établi son trône; aussi les Peintres n'ont accoûtumé que de nous peindre le visage, parce qu'il est seul l'abregé de tout l'homme, & que c'est par-là qu'en distinguant ses traits, nous connoissons les différences des hommes.

Cette beauté ne se conserve, ni par des voluptés excessives, ni par des contentemens réïtérés : au contraire, elle en est ternie & souvent effacée. Le feu flétrit une belle fleur & en détruit l'éclat; il n'y a que la fraîcheur de l'eau qui lui puisse long-tems conserver sa beauté : il en est de même d'une belle femme, que le feu de la concupiscence desséche peu-à-peu, au lieu que la témpérance la conserve long-tems dans un même état.

C'est cette beauté qui a eu, depuis le commencement du monde jusqu'à present, tant de crédit dans le commerce des hommes. Elle nous entraîne

ne en dépit de nous, quelques forts & quelques constans que nous soyons, si bien que nous sommes aussi-tôt vaincus par l'aproche d'une belle personne, que nous sommes forcés à aimer si elle est de notre sexe; mais si elle est d'un sexe différent au nôtre, la nature par des flâmes secrettes qu'elle a excitées dans notre cœur, nous y entraîne avec beaucoup plus d'empressement.

Il ne faut pas s'étonner si nous sommes naturellement portés à aimer la beauté, puisque, selon le raport des Poëtes, les Dieux qui ne combattirent jamais entr'eux pourquoi que ce soit, eurent pourtant de cruelles guerres pour la beauté d'*Héléne*. Les Déesses ne furent pas plus d'accord qu'eux sur ce même sujet, & jamais elles ne se fussent cédé le droit qu'elles prétendoient avoir, si *Pâris* n'eût décidé là-dessus, & s'il n'eût prononcé en faveur de *Vénus*, comme étant la plus belle & la plus agréable des trois Déesses amoureuses.

Ce n'est point de la beauté trompeuse & masquée, dont je prétens parler ici, l'artifice ne convient point à un beau visage; & si la nature lui a donné quelques agrémens, le fard efface & ternit ce qu'il y a de plus précieux.

Ce n'est pas non plus ce qui a le plus d'éclat qui est le plus beau & le meilleur; les mouches à miel, qui nous donnent une si agréable liqueur, ne nous paroissent pas si belles que les Cantharides, qui par leur faux brillant cachent un venin mortel, qui nous ronge les entrailles si nous en usons. Ce n'est donc pas cette beauté fardée & aparente que nous voulons aimer; c'est cette beauté simple & naturelle, qui de l'ame se communique au corps, & qui nous charge si fort quand nous la regardons de bien près.

Après avoir examiné la beauté dans sa nature & dans ses effets, voyons maintenant ce que c'est que la complaisance, & puis nous nous déterminerons à aimer une belle femme ou une complaisante.

La complaisance est tellement nécessaire dans le commerce des hommes, que si elle en étoit bannie, toutes

tes les conversations deviendroient des disputes & des quérelles ; & au lieu de la douceur & de la franchise, dont la nature nous a fait present, nous n'aurions parmi nous que de la flâterie & des déguisemens. Sans l'art de plaire, tout seroit en confusion dans la société des hommes. La complaisance est *une charité civile*, qui louë sans flâter, qui corrige sans offenser, qui guérit sans blesser, & qui ôte l'amertume des remédes, sans en détruire la vertu. C'est elle qui encourage les timides, qui enseigne les ignorans, qui reléve les scrupuleux, & qui fortifie les foibles. Le jugement & la discrétion ne l'abandonnent jamais ; elle est sage dans ses entreprises, avisée dans ses paroles, prudente dans ses desseins, franche dans ses actions, égale dans ses pensées ; enfin c'est une vertu secrette qui charme les cœurs des plus grands & des plus petits esprits. Je puis la comparer à un aimant qui attire le fer, quelque résistance qu'il fasse ; je veux dire qu'elle ménage comme elle veut les esprits les plus grossiers. Elle n'est ni

aveu-

aveugle ni muette, comme quelques-uns l'ont dit; elle a des yeux pour remarquer les vertus & les vices, & une langue pour loüer sans flâterie & pour blâmer sans rigueur. C'est une douceur naturelle qui convient bien aux deux sexes, mais principalement à celui qui est le plus beau. Elle le rend amoureux sans crime, libéral sans prodigalité, & complaisant sans dissimulation. Il n'y a que les grandes ames qui sont complaisantes de la sorte; & c'est cette complaisance que j'ai dessein de mettre en parallèle avec la beauté, pour sçavoir laquelle des deux nous charme & nous enchante le plus.

Ce n'est pas de la lâche complaisance dont je veux m'entretenir presentement. Elle est un art qui trompe agréablement, qui charme & empoisonne en même tems tout le monde. C'est une agréable meurtriére, dont les blessures nous plaisent & nous font mourir. Elle est le partage des petits esprits & du peuple; témoin le foible *Achab*, dont parle l'Ecriture, lequel n'aima que des Prophêtes flâteurs &

considéré dans l'état du Mariage. 431

complaisans, mais aussi qui en fut trompé dans la suite. L'expérience nous fait voir que les faux-complaisans nous flâtent pour nous détruire, & qu'ils ressemblent à ceux qui chatoüillent les pourceaux sur le dos, pour les jetter à terre & pour les tuer ensuite. C'est cette complaisance trompeuse qui fait la guerre à la vertu, qui blâme avec les médisans, & qui pallie le vice avec les impies & les débauchés. Elle dit que la témérité est un grand courage, que l'avarice est une œconomie, que l'effronterie est une bonne humeur, que l'éloquence est un babil, que la modestie est une stupidité & que la franchise est une insolence. Ce fut cette complaisance qui fit prendre au lâche *Sardanapale* des habits de femmes pour converser avec elles, & qui obligea *Hercules* à laisser sa massuë pour prendre une quenoüille, à la persuasion d'*Omphale*. Ces foiblesses furent sans doute la cause qu'*Eliogabale* fit un Édit contre les lâches complaisans, par lequel il ordonnoit qu'ils fussent attachés à une roüe, qui auroit un de ses rayons en l'eau, & qui tourneroit de la sorte, pour nous montrer par-là l'inconstance & la molesse de leur vie.

Si *Agrippine* eût été traitée de la sorte, pour l'infame complaisance qu'elle eût pour *Bassianus*, elle eût assurément souffert un suplice proportionné à son crime : l'eau où elle auroit été plongée, auroit peut être éteint le feu de sa concupiscence, qu'elle fit plutôt assouvir qu'éteindre par les caresses de son propre fils. En vérité cette sale complaisance est bien représentée par de foibles roseaux, qui plient à tout vent & qui croissent dans la boue : car elle est la nourrice des vices, comme la concupiscence est la mere de la malice qui les fait naître. Il n'y a que les petits esprits qui se laissent corrompre par cette basse complaisance. Les Sages se moquent de ses souplesses & méprisent ses finesses, ses inégalités & ses trahisons. Ce fut cette funeste complaisance qui fit pécher notre premiére mere, & qui entraîna *Adam* dans ses désordres, dont nous sentons aujourd'hui les effets.

Ce

Ce n'est donc point de cette sotte complaisance, dont je veux parler maintenant, ni de cette beauté rude & fade, que l'on trouve ordinairement parmi les femmes mal élevées, qui n'ont ni la bonne grace, ni les qualités de l'ame, qui sont presque l'essence de la beauté dont nous parlons.

Cela étant ainsi établi, il me semble qu'il est aisé à cette heure de se déterminer sur la question proposée; sçavoir, si la belle nous charme plus que la complaisante.

L'expérience nous fait voir que la beauté des femmes nous excite à les aimer: mais si cette beauté est accomplie, par le mélange de la bonne grace & des belles qualités de l'ame, dont nous avons parlé ci-dessus, il n'y a ni charmes ni enchantemens qui soient plus violens que ceux-là. La belle taille des femmes, leur embonpoint, & leur beau visage, avec les autres parties de leur corps, proportionnées les unes aux autres, forcent avec violence notre volonté: mais si un je ne sçai quoi qui nous plaît, & qui accompagne leurs actions &

le mouvement de leur corps, est inséparable de leur beauté, & que d'ailleurs elles ménagent avec empire leurs passions; c'est-à-dire, qu'elles soient vertueuses, prudentes, discrettes, constantes, fideles, complaisantes : en un mot, qu'elles soient sages, nous sommes alors obligés à les aimer, & par raison, & par une pente secrette que la nature nous a communiquée. J'avouë qu'il n'y a point au monde de filtres plus violens, ni d'enchantemens plus forts que cette beauté parfaite. Témoin la belle *Thessalienne*, qui passoit pour sorcière dans la Province où elle étoit, & qui ne passa pas pour telle dans l'esprit d'*Olimpie*, bien qu'elle eut ensorcelé le Roi *Philippes* son mari. Cette Reine connut bien que sa beauté, sa bonne grace, sa douceur & sa complaisance, étoient les seuls filtres dont elle se servoit pour charmer les hommes, & ceux dont elle avoit usé pour enchanter son mari. Quand même ces femmes n'auroient que des qualités médiocres, cela suffiroit pour nous entraîner & pour nous forcer à les aimer. Elles ména-

nageroient nos inclinations, feroient pancher notre volonté du côté qu'il leur plairoit; & par une tirannie secrette & aimable, elles s'empareroient de notre cœur & séduiroient notre raison, quelque résistance & quelques efforts que nous puissions faire. C'est une puissance naturelle à laquelle nous ne pouvons résister; nous en sommes même vaincus dans la suite & captivés dans l'absence. Mon Dieu! quelle force est-ce-là qui nous entraîne si puissamment, & qui fait même agir nos parties amoureuses, sans que nous ayons le pouvoir de les arrêter? Je veux dire, que nos parties naturelles, quelques impuissantes à l'amour qu'elles puissent être, obéïssent à cette beauté, qui nous frapant l'imagination, nous embrase le cœur, nous échauffe le sang, nous enflâme nos parties naturelles, & qui par l'abondance des esprits qui y sont portés, les rend propres à la génération. Si *Lucilie* eût eu ses charmes, elle n'eût pas donné à son mari *Lucréce* une boisson pour être aimée: car au lieu de lui procurer de l'amour pour elle, *Lucréce* ne
devint

devient si fou, qu'il se tua de sa propre main. *Césonie*, femme de l'Empereur *Caligula*, manquoit aussi de cette beauté enchanteresse, puisqu'elle donna à son mari un breuvage, qui au lieu de l'exciter à l'aimer, lui causa de la rage & de la fureur. Des boissons qui excitent à aimer, troublent notre tempérament, & par-là sont oposées aux principes de notre vie, comme nous l'avons remarqué ailleurs: au lieu que les remédes dont nous parlons, sont naturels & ainsi ne sont point ennemis des parties principales qui nous composent.

La complaisante n'agit pas comme la beauté parfaite, ses charmes sont plus lents & ses attraits ne nous emportent pas avec tant de vîtesse & de précipitation. Bien qu'elle ne soit accompagnée que d'une médiocre beauté de corps, & d'un je ne sçai quoi qui est inséparable de ses mouvemens & qui fait agir les femmes d'une maniére qui nous plaît; cependant cette force n'est pas si violente que celle qui vient de la beauté. Il faut du tems pour aimer une

une femme complaisante. On observe ses actions, on regarde ses mouvemens, on considére son humeur; & comme elle a quelque raport à la nôtre, nous nous laissons aisément aller à ce qui nous ressemble, & nous aimons en elle ce qui est en nous. Il n'en est pas ainsi de la beauté que nous avons décrite: d'abord elle s'empare de notre raison, elle fait ployer notre volonté & nous attire avec violence. Notre sang en est promptement émû, nos esprits fortement agités, notre imagination vivement frapée, & nos parties naturelles, quelques foibles & quelques vieilles qu'elles soient, en sont d'abord si animées, qu'elles se trouvent alors en état d'exécuter les ordres que la nature nous a prescrits.

Mais comme la belle & la complaisante ont chacune des qualités particuliéres qui charment; que la premiére nous éblouït à sa premiére vûë, & que l'autre nous enchante après l'avoir examinée de près, les sentimens se trouvent partagés sur le choix que l'on en doit faire. Car ceux qui ne se prennent

nent que par les yeux du corps, seront assurément pour la belle; mais ceux qui sont pris pour ceux de l'ame, préféreront toûjours la complaisante à la belle; car la beauté étant une qualité passagére, ne peut pas toûjours plaire, au lieu que la complaisance étant une qualité permanente, & s'augmentant toujours à force de vieillir; les personnes sages & posées auront sans doute plus d'estime pour la complaisante que pour la belle, pourvû que celle-là ait quelque espéce de beauté. Mais si la belle est accompagnée de la complaisance, comme nous en avons fait le portrait, qui est-ce qui doutera que l'on ne la doive préférer à celle qui sera seulement complaisante, & qui manquera de ce qui est ordinairement inséparable de la beauté?

Il n'y a point d'hommes plus vains que ceux qui se laissent sottement persuader, ni de plus étourdis que ceux qui font les sévéres & les scrupuleux. PETRONE.

Fin de la II. Partie & du Tome I.

TABLE

TABLE
DES CHAPITRES
CONTENUS
EN LA I. ET II. PARTIE.

PREMIERE PARTIE.

CHAP. I. Des parties de l'homme & de la femme qui servent à la génération. Pag. 1

Art. I. Des parties naturelles & externes de l'homme. 3

Art. II. Des parties naturelles & internes de l'homme. 8

Art. III. Des parties naturelles & externes de la femme. 21

Art. IV. Des parties naturelles & internes de la femme. 29

CHAP. II. De la proportion naturelle, & des défauts des parties génitales de l'homme & de la femme. 37

Art. I. De la proportion des parties naturelles de l'homme & de la femme, selon les loix de la nature. 41

Art. II. Des défauts des parties naturelles
de

TABLE

de l'homme. 43
Art. III. Des défauts des parties naturelles de la femme. 51
Chap. III. Des remédes qui corrigent les défauts des parties naturelles de l'homme & de la femme. 59
Art. I. Des maladies qui arrivent au membre viril, & qui peuvent être guéries. 60
Art. II. Des maladies qui arrivent aux parties naturelles de la femme, & qui peuvent être guéries. 84

SECONDE PARTIE.

Chap. I. Des actions, effets & merveilles de la Génération, & des marques de la Virginité. 101
Art. I. Eloge de la virginité. ibid.
Art. II. Des signes de le virginité présente. 105
Art. III. Des signes de la virginité absente. 110
Chap. II. S'il y a des remédes capables de rendre la virginité à une fille. 124
Chap. III. A quel âge un garçon & une fille doivent se marier. 135
Art. I. Eloge du mariage. 137
Art. II. L'âge le plus propre au Mariage. 142
Art. III. De la conception, de la grossesse

DES CHAPITRES.

& de l'enfantement. 156

Art. IV. Si la nature a fixé un tems pour accoucher. 168

Art. V. Du devoir des mariés. 174

Art. VI. Du tems où les hommes & les femmes cessent d'engendrer. 184

CHAP. IV. Quel tempérament est le plus propre à un homme pour être fort lascif & à une femme pour être fort amoureuse. 191

Art. I. Quel tempérament doit avoir un homme pour être fort lascif. 195

Art. II. Quel tempérament doit avoir une femme pour être fort amoureuse. 206

Art. III. Qui est le plus amoureux de l'homme ou de la femme. 217

CHAP. V. En quelle saison l'on se caresse avec le plus de chaleur & d'empressement. 226

Art. I. A quelle heure du jour on baise amoureusement sa femme. 238

Art. II. Combien de fois pendant une nuit l'on peut caresser amoureusement sa femme. 254

Art. III. Si l'on doit prendre des remédes pour dompter son humeur amoureuse, ou pour s'exciter avec une femme. 268

Art. IV. Des remédes qui domptent le tempérament amoureux. 269

Art. V. Des remédes qui excitent un homme à embrasser ardemment une femme. 285

CHAP. VI. Si l'homme prend plus de plaisir

TABLE DES CHAPITRES.

plaisir que la femme lorsqu'ils se caressent. 306

Art. I. De la manière dont les personnes mariées doivent se caresser. 317

Art. II. Si l'on se trouve plus incommodé de baiser une laide femme qu'une belle. 326

Chap. VII. Si ceux qui ne boivent que de l'eau, sont plus amoureux, & s'ils vivent plus que les autres. 336

Chap. VIII. Si la femme est plus constante en amour que l'homme. 358

Chap. IX. Si l'on peut aimer sans être jaloux. 371

Chap. X. Si la femme timide aime plus que la hardie & l'enjoüée. 391

Chap. XI. S'il y a plus de peine à gagner les bonnes graces d'une femme qu'à se les conserver. 410

Chap. XII. Si la belle plaît plus que la complaisante. 424

Fin de la Table de la I. & II. Partie du Tome I.

www.ingramcontent.com/pod-product-compliance
Lightning Source LLC
Chambersburg PA
CBHW050149230526
45470CB00001B/28